小小
太空探索
图书馆

深空探测器

刘勇◎编著

北京理工大学出版社
BEIJING INSTITUTE OF TECHNOLOGY PRESS

图书在版编目（CIP）数据

深空探测器 / 刘勇编著 . — 北京：北京理工大学出版社，2019. 4

ISBN 978-7-5682-6932-2

Ⅰ . ①深… Ⅱ . ①刘… Ⅲ . ①空间探测器—儿童读物 Ⅳ . ① V476–49

中国版本图书馆 CIP 数据核字（2019）第 069382 号

出版发行 / 北京理工大学出版社有限责任公司

社　　址 / 北京市海淀区中关村南大街 5 号

邮　　编 / 100081

电　　话 /（010）68914775（总编室）

　　　　　（010）82562903（教材售后服务热线）

　　　　　（010）68948351（其他图书服务热线）

网　　址 / http：// www.bitpress.com.cn

经　　销 / 全国各地新华书店

印　　刷 / 保定市中画美凯印刷有限公司

开　　本 / 889 毫米 ×1194 毫米　1/16

印　　张 / 8　　　　　　　　　　　　　　　责任编辑 / 潘　昊

字　　数 / 120 千字　　　　　　　　　　　　文案编辑 / 潘　昊

版　　次 / 2019 年 4 月第 1 版　2019 年 4 月第 1 次印刷　　责任校对 / 周瑞红

定　　价 / 35.00 元　　　　　　　　　　　　责任印制 / 李志强

序

习近平总书记指出，探索浩瀚宇宙，发展航天事业，建设航天强国，是我们不懈追求的航天梦。经过几代航天人的接续奋斗，我国航天事业创造了以"两弹一星"、载人航天、月球探测为代表的辉煌成就，走出了一条自力更生、自主创新的发展道路，积淀了深厚博大的航天精神。

一个民族素质的提高与科普有很大关系。所以，尽管工作很忙，但我还是尽可能地在全国范围内，针对不同受众，其中也包括大量中、小学生，努力地开展航天科普活动。近几年来，围绕人类为什么要开展航天活动、中国空间技术的发展、中国的探月工程、小行星探测意义等主题，我每年平均要做20多场科普报告，深受听众欢迎。但只靠讲和听，受众还是十分有限，有的内容对小读者们来说也不太易懂，并不十分适合。为此，北京理工大学出版社策划出版了《小小太空探索图书馆》丛书，就是要把有关航天科普的内容和精彩生动的故事以更加有趣易懂的形式展现给更多的小读者。本丛书出版的初衷就是希望能够更大地激发青少年对太空探索的兴趣，对未知领域探索的兴趣，并向几代航天人的航天精神、科研精神致敬。

丛书第一辑共5册，邀请了来自中国空间技术研究院、中国科学院国家空间科学中心、中国科学院国家天文台、北京大学等单位的一线工作者、科普积极分子和优秀科普作家精心编写，力图语言简洁明快，图文并茂，并融入让静态图文"活"起来的增强现实（AR）技术，可以通过扫描二维码随手进入"视听"情景。丛书通过讲述嫦娥探月、火星及深空探测器、国际空间站和太空望远镜等国内外太空探索历程中耳熟能详且备受关注的话题，带领小读者们一同畅游广袤无垠的神奇太空：从月球传说到探月工程，人类由远望遐想变为实地探测；从第一个火星探测器的诞生到计划载人登陆火星，这期间有许多已经发生和可能还会发生的失败历程；从先锋号探测器到旅行者号，人类探索太空的脚步愈来愈远；从国际空间站计划到实际建成，中国宇航员在我国自己的空间实验室及未来的中国空间站中吃、住、工作与休闲的情景都将一一展现在小读者面前；从哈勃望远镜到韦伯太空望远镜，太空观测技术的进步让人类与浩瀚星海的距离不断拉近，终可更清楚地一睹它们的魅影……太空探索的道路是曲折的，也是神奇有趣的，更是有巨大意义的！当一个个未知的星体被发现，当一个个已知的难题被攻破，当一个个新的问题呈现眼前，那份自豪与兴奋是难以言表的。

星空浩瀚无比，探索永无止境。相信在不久的将来，天空中会有更多的中国星，照亮中国，也照耀世界。航天梦作为中国梦的一个重要组成部分，它的实现必然极大地鼓舞全国人民，激发民族自豪感，凝聚世界华人力量。希望本丛书既能满足小读者们了解航天新知识及其发展前景的渴求，也能激发小读者们对航天事业的兴趣，培养小读者们的科学探索精神。相信小读者们在阅读丛书的过程中一定会有所收获，并能产生对科学、对航天的热爱，这就是本丛书的价值所在。

愿《小小太空探索图书馆》丛书能成为广大小读者的"解渴书""案头书"和"枕边书"。祝愿小读者们能够在阅读中感受到更多的乐趣，同时得到更多的知识！

中国科学院院士

我认识的刘勇研究员

刘勇研究员的科普图书就要出版了，我忽然想起了2010年那个冬天在旧金山第一次见到他的情形。

那时我还是中国科学院空间科学与应用研究中心的副主任（中心2012年更名为国家空间科学中心），正在筹划后来为我们赢得了很多声誉的空间科学先导专项。为了先导的成功，我们亟需引进人才，一直在诸多美国的留学生中寻找合适引进回国的人才。刘勇博士进入我的视野是因为他在空间科学仪器方面的经验，他在美国负责美国宇航员卫星项目的数据定标。数据定标一直是我国空间科学仪器设备的一个弱项，正是我们需要加强的。当时在新罕布什尔大学做研究科学家的刘勇也希望回国发展。我特别理解他的心情，虽然他在所在的仪器研制小组是非常受重视的年轻科研骨干，但毕竟故土难离。于是我们很快就确定下来以中科院百人计划的身份将他引进回国。

后来我和一些同行谈起刘勇，好几个了解他的同行们都交口称赞他有团队精神，特别容易相处，在他们那个学校更是有口皆碑。他总是喜欢帮助那些新来的同学，特别是那些没人帮的男生。每到周末，常常有一帮新同学搭着他的车去买菜，他也因此赢得了其他中国留学生的尊重和喜爱。

刘勇研究员回国后第一次在同行面前亮相就是竞争先导专项的背景型号。刘勇研究员报告铿锵有力、简洁明快，一下子就征服了在场的评委。他的报告刚做完，在场的地球化学专业的院士就说了四个字"我听懂了"。这位院士对空间物理并不十分熟悉，而且非常挑剔，很少称赞别人。刘勇研究员当时用了很多形象的比喻，深入浅出地解释了项目的探测目标、意义，以及工程设计思路。由于报告的成功，刘勇研究员所负责的项目一路绿灯，迅速进入背景型号阶段，他本人也从此顺利开启了他的百人计划。

其实我从来没有机会听刘勇研究员的科普报告，只是从新闻和一些同事那里得知了一些关于对他的报告的评价。他第一次科普是在广州讲空间天气，只讲了三个问题"什么是空间天气""为什么需要研究空间天气"和"怎样研究空间天气"。这几个问题正是空间天气科普中关键的问题，善于把复杂的科学问题用简单形象的比喻解释出来正是刘勇研究员的擅长，比如什么太阳就像个油炸冰淇淋，还有太阳风就像火锅里冒出来的水蒸气，等等。

我们单位每年六一儿童节都会组织给职工的子女做科普讲座。刘勇研究员应该是上这个讲台最多的一位，也是最受大家欢迎的一位。他总是能抓住前来参加的每个儿童的心，不论是幼儿园孩童、小学一年级学生还是中学生。我常常在思考一个问题，为什么他能抓住每一个小孩的心？难道是已人到中年的刘勇研究员还始终保持一颗童心？也许读完这本书，你心中就会有答案。

中国科学院空间科学中心主任

目录
CONTENTS
深空探测器

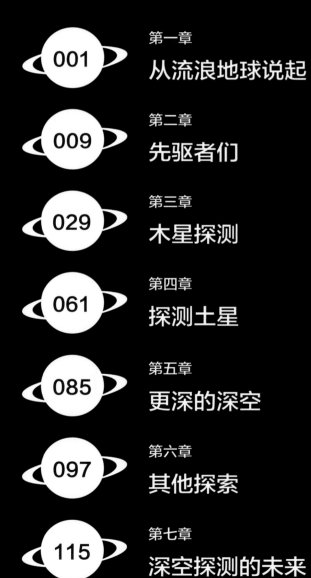

《深空探测器》AR互动使用说明

① 扫描二维码,下载安装"4D书城"App;

② 打开"4D书城"App,点击菜单栏中间扫码按钮，再次扫描二维码下载本书;

③ 在"书架"上找到本书并打开,对准本书带有 的页面画面扫一扫,就可以探秘浩瀚星空了。

CHAPTER 1

第一章

从流浪地球说起

水星 金星 地球 火星 木星 谷神星

　　"那时没人关心太阳，都只关心一种叫钱的东西。当太阳开始老化，地球不得不去流浪。"如果地球真的要去流浪了，那么我们就需要把目光投向远方的星空，看看我们周围大大小小的邻居是一些怎样的星球，它们和我们生活的地球有什么不同。

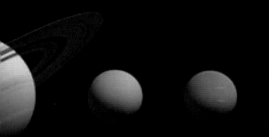

—— 行星

天王星　海王星

土星

—— 矮行星

冥王星　妊神星　鸟神星　阋神星

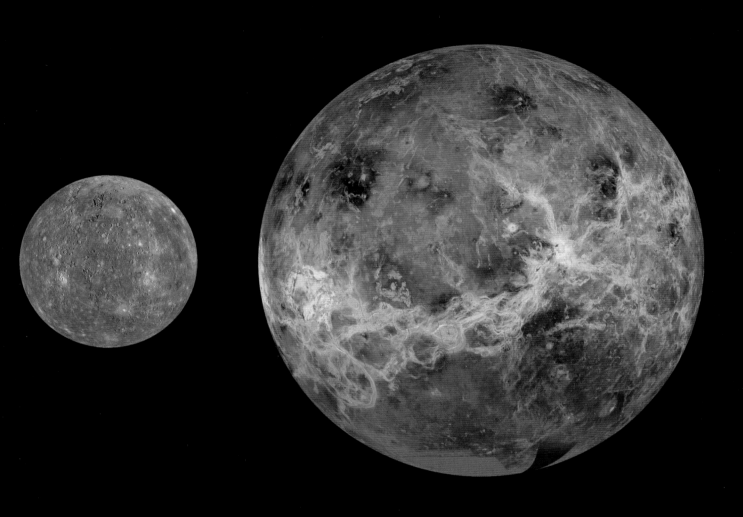

类地行星（从左到右，水星、金星、地球和火星）

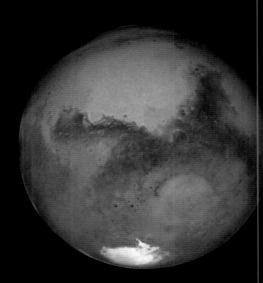

　　地球是太阳系中围绕太阳公转的行星之一。除地球以外，绕太阳公转的还有 7 颗大小不一的行星。按照离太阳的距离从近到远排列，依次是水星、金星、地球、火星、木星、土星、天王星和海王星。因为个头和地球差不多，又有着和地球一样的固体外壳，靠近太阳的水星、金星、地球和火星都被称为类地行星。相比之下，远离太阳的 4 颗行星个头都大多了，比如木星能装下 1000 个地球，排第二的土星能装下 700 多个地球，最小的海王星也能装下 50 多个地球。这几个大个子行星还有一个共同的特点，它们都没有固体外壳，表面被一层厚厚的气体覆盖，有些"虚胖"。科学家把它们称为类木行星，或者叫气态行星。

空间探索始于 20 世纪 50 年代。最早人类的太空飞行活动都在地球附近，利用飞行器探索地球附近，随后探索了月球、水星、金星和火星。今天的航天科技和知识也是在当时的基础上发展起来的。当时发射任何东西上天都是一个了不起的成就。现在科学家们已经习惯把人或者飞行器送入太空，尽管还是每次发射都存在不小的风险。

随着技术进步，我们探索的方向向外扩展，开始探索离太阳较远的星球，比如木星和土星，甚至更远的天王星和海王星。这部分的太阳系就是科学家们习惯上说的深空。（需要注意的是，我们国家把月球探测、火星探测也归类为深空项目，和国际上的分类标准不完全一致。本书采用的是国际标准定义的深空。作者注）当然，深空也包括太阳系中海王

气态行星（木星、土星、天王星和海王星）

星以外的区域，甚至太阳系以外的宇宙区域。宇宙十分辽阔，我们对于太阳系以外的区域知道的还不多。以现在了解的知识，我们把它们统统称为深空，也许以后的探索我们会发现这些区域的种种不同，继续细分出很多不同的区域。

我们对深空知之甚少的一个重要原因是要飞到深空需要的时间很长。飞到月球只需要几天时间，飞抵木星需要几年，而飞出太阳系可能需要几百年。尽管路途遥远，我们也已经完成了一些探索，发现了行星中一些神奇美丽的地方，比如木星上的极光、天王星独特的自转方式、土卫上的火山，还有形状像马铃薯或者马蜂窝一样的卫星。宇宙中还有很多奇妙的胜景等着我们去探索、去发现。

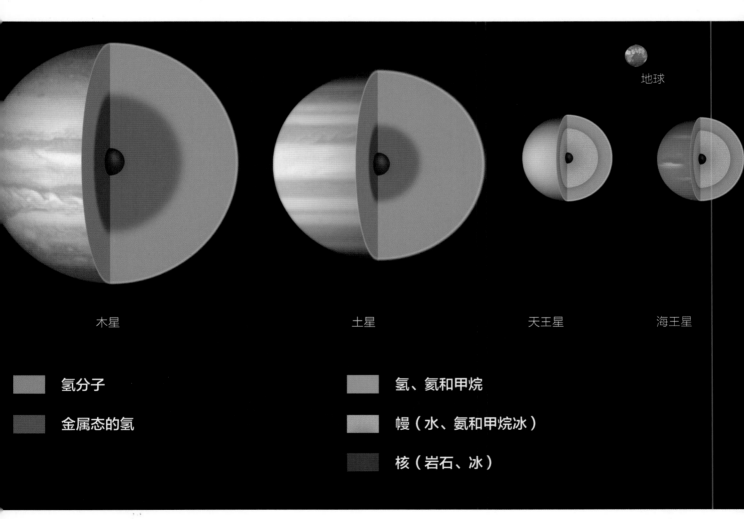

地球

木星　　　　　　　　　　土星　　　　　　　天王星　　　海王星

　氢分子　　　　　　　　　　氢、氦和甲烷

　金属态的氢　　　　　　　　幔（水、氨和甲烷冰）

　　　　　　　　　　　　　　核（岩石、冰）

气态行星内部

CHAPTER 2

第二章

——————

先驱者们

月球上拍摄的地球照片

从苏联第一颗人造地球卫星上天开始，人类进入了太空时代。广义上说，第一颗人造地球卫星是后来众多的飞行器的先驱。后来美国国家航空和宇航局发射了一系列名为"先驱者号"的飞船。各国的航天从业者都喜欢开发系列任务，比如中国的实践系列、风云气象卫星系列，日本的外大气层探测计划（EXOS），美国的探险者计划（Explorer）等。

"先驱者"之前的先驱

    人造卫星是指任何人造的围绕行星或卫星飞行的飞行器。现在，地球上空飞行着几千颗人造卫星。但是在 1957 年以前，没有人造卫星，没有人成功发射过东西上太空。

    苏联在 1957 年 10 月 4 日发射了第一颗人造地球卫星。这颗卫星名为"斯普特尼克

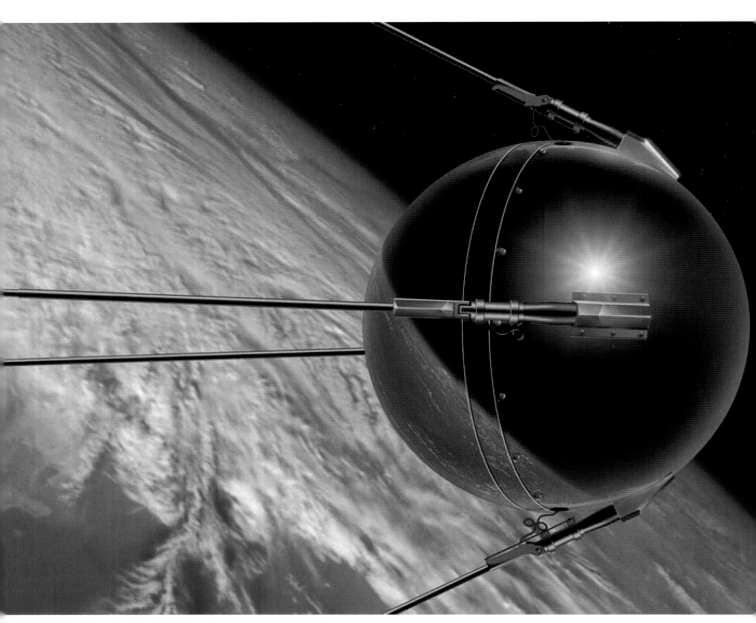

第一颗人造地球卫星

1号"。第一颗人造地球卫星非常小，只有一个浮水气球那么大。重约200磅（约90.72千克）。绕地球一圈需要一个半小时。一个月以后，苏联又发射了第二颗人造地球卫星——"斯普特尼克2号"。"斯普特尼克2号"比"斯普特尼克1号"大，上面还搭载着一条叫莱卡的狗，这条狗在太空只存活了几个小时就因为严酷的太空环境而失去了生命，也算是为人类探索太空的事业贡献了宝贵的生命。

第一只登上太空的动物（图片来源：NASA）

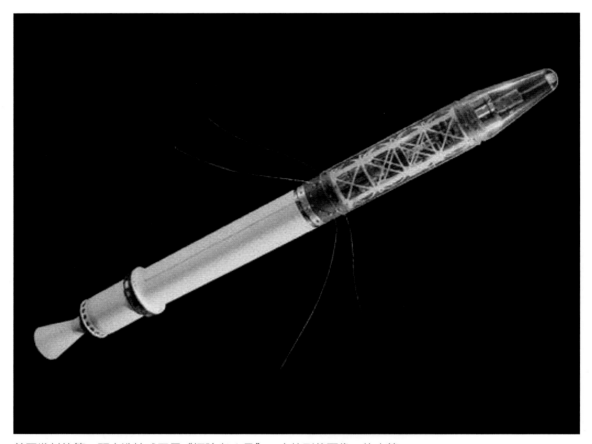

美国发射的第一颗人造地球卫星"探险者1号"，它的形状更像一枚火箭

　　地球的另一面，美国政府非常生气和妒忌。美国一直想成为第一个发射卫星的国家，却被苏联抢先了。当时的美苏竞争非常激烈，它们都想成为世界上最强大的国家。它们开展军备竞赛，还要求很多国家加入它们的阵营。

　　它们在空间探索开展竞争。在苏联成功发射"斯普特尼克1号"和"斯普特尼克2号"后，两个国家都在努力尝试完成下一步的空间探索。开始时，美国的运气并不好。美国发射了一颗卫星，结果火箭却在升空的过程中爆炸了。1958年，美国成功发射了卫星——"探险者1号"。相比"斯普特尼克"系列，"探险者1号"形状细长，更像一枚火箭。它的轨道周期是两小时。

　　尽管"探险者1号"不是第一颗卫星，但它还是获得了很多非常有用的观测资料。比如地球辐射带就是"探险者1号"发现的，也被称为范阿伦带，是根据当时卫星计划的首席科学家范阿伦教授命名的。这位爱荷华大学的教授也因此获得了瑞典皇家科学院颁发的克

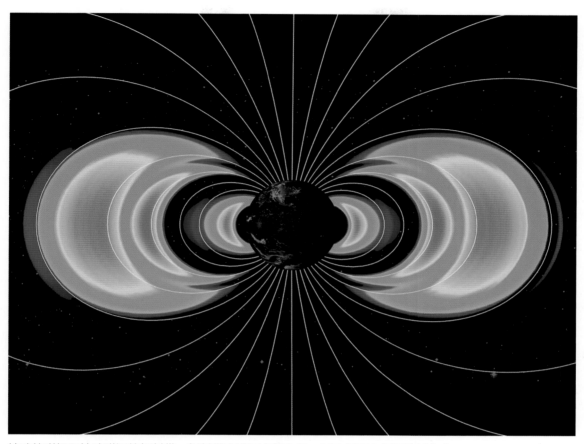

地球的磁场和地球附近的辐射带。辐射带充满了高能电子，对飞行器有很强的杀伤力

拉福德奖。为了纪念他的杰出贡献，美国把最近研究辐射带的两颗卫星称为范阿伦探测器。

　　发现辐射带对于空间探索非常重要，从此科学家们了解到，宇航员和飞船上的设备在太空中需要相应的辐射防护装置进行保护，否则太空的辐射可能给飞行器或者宇航员带来伤害。另外，我们也了解到地球的大气层和磁场挡住了绝大部分来自宇宙空间的辐射，地球上的生命才得以生存。而我们在探索其他星球的时候，需要首先了解该星球的空间环境，以保证人员和探测设备的安全，避免他们暴露在过强的辐射之下。

　　后来，美国又发射了几颗"探险者"系列的卫星，有些成功了，也有几颗失败了。科学家也需要在失败中总结经验教训，不断提高。空间探索本身就是一项高风险的活动，即使在今天，我们也不能保证每次发射任务都百分百成功。飞上太空的宇航员们个个都是英雄，为了人类的太空事业，甘心冒生命危险。我们今天所获得的与太空相关的知识，也是和他们当初付出的努力分不开的。

先驱者号

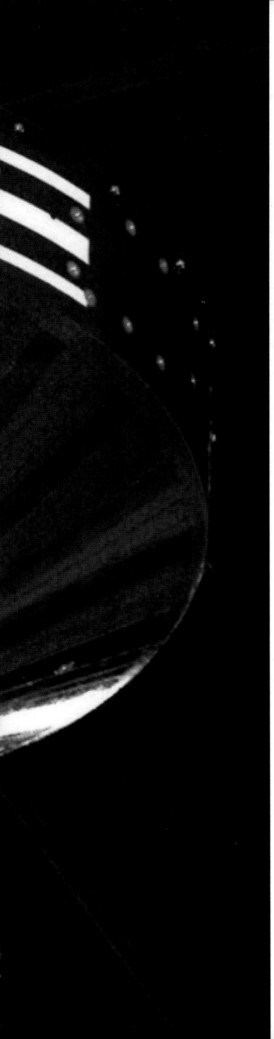

早期的先驱者飞船

先驱者飞船最早的探测目标是月球。最早的卫星都是环绕地球飞行的。从环绕地球飞行，到飞离地球去往月球进行探索是一个很大的进步。从这个角度说，先驱者系列飞船计划也可以说是后来发展出来的深空探测的先驱者。

1958—1960 年，美国先后发射了 9 艘先驱者飞船。根据这些飞船的外形特征可以分为 3 种类型：飞碟型、甜筒型和愤怒的小鸟型（简称怒鸟型）。

飞碟型的探月飞船是最早的先驱者飞船，包括先驱者 0 号、先驱者 1 号和先驱者 2 号。飞船主体是一个直径为 74 厘米的矮圆柱，底部安装有火箭发动机，外形看起来就像一个飞碟。飞船总重 38 千克，和现在动辄一吨甚至几吨的探月飞船相比，这个飞碟就像一个航天模型。飞船上搭载了一台电视摄像机、一个微星体探测器和一台磁强计。微星体探测器由金属片和话筒组成。工作原理也非常简单，微星体打在金属片上发出声响，然后由话筒接收信号记录探测结果。在早期的空间探测活动中，这些仪器都是那么原始，和现代的探测仪器相比，那些仪器就像原始人使用的木棒一样简单。

飞船由携带的电池供电，没有太阳能电池板。先驱者 1 号上增加了一个粒子探测设备，先驱者 2 号上粒子探测设备得到了进一步的升

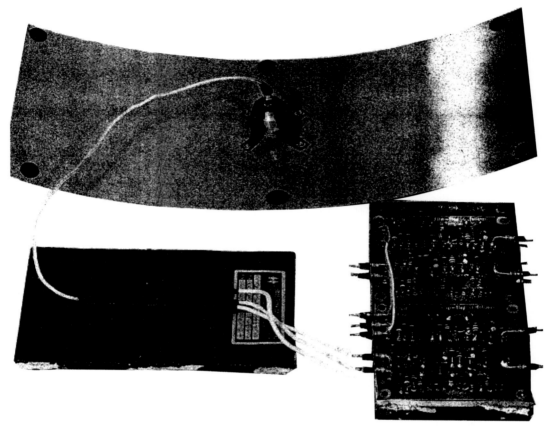

由"一面锣"和话筒组成的微星体探测器

级。在现在的探测任务中，这些粒子探测设备都被更精确的粒子测量仪器所取代。电视摄像机的主要任务是拍摄月球的背面，看来 60 年前人类就对月球背面充满了好奇。和今天的探月任务相比，飞碟型飞船搭载科学载荷数量很少，也说明当时科学探测不是主要任务，能抵达月球附近就是成功。

很不幸，这些飞船都没能抵达月球，先驱者 0 号飞船在点火飞行了 74 秒后失控爆炸。失败后负责这个项目的美国空军发言人说："项目失败不奇怪，要是成功了会让他更惊讶。"他的失败感言让我们惊讶。

先驱者 0 号是唯一由美国空军主导的探月任务，项目失败后美国成立了国家航空和宇航局（NASA），航天探索从此由国家航空和宇航局主导。

在新帅的指挥下，1958 年 10 月 11 日发射的先驱者 1 号还是没能到达月球。不过比起先驱者 0 号好多了。飞船随着火箭腾空而起，因为火箭飞行点火程序错误（虽然火箭点火成功，但是时机不对），飞船没能加速到地球逃逸速度。10 月 13 日，在飞行了 43 个小时后，飞船在地球上坠毁。虽然没能飞抵月球，先驱者 1 号成功飞出了地球磁层，也就是地球磁场控制的范围，在这之外就是太阳风所控制的范围。先驱者 1 号首次测量了地球以外的太阳风磁场，虽然没能去月球探测，也总算是有点成果。这样看来，换帅还是有点效果的。

第三艘飞碟型探月飞船先驱者 2 号 11 月 8 日发射，这次火箭对导航系统进行了改进，不过火箭第三级未能顺利点火，飞船在地面上坠毁。

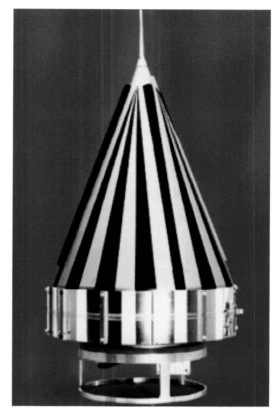

先驱者 3 号

飞碟型飞船全部以失败告终。先驱者 1 号的一点探测成果也许是给参加项目的工作人员最大的安慰。

甜筒型飞船表现好得多。甜筒型飞船包括先驱者 3 号和 4 号，外形像冰激凌甜筒，重约 6.1 千克，任务目的是在月球附近飞过并进行探测。这个系列的飞船重量更小，任务也更简单，不过总体表现还是不错的。为了方便起见，我们把它们分别叫作甜筒 1 号和甜筒 2 号。

1958 年 12 月发射的甜筒 1 号也没能进入月球轨道，同样因为点火程序的问题，飞船抵达 10 万千米的远地点后又重新落向地面，在南非上空烧毁。虽然没能抵达月球，先驱者 3 号在地球附近的观测结果进一步证实了早期探测器发现的辐射带。

1958 年是美国探月史上黑暗的一年，在短短 5 个月的时间内，4 次发射，4 次失败。美国在探索月球的起步阶段十分艰难。

1959 年 3 月，美国终于迎来了探月史上的第一次成功。甜筒 2 号飞船（先驱者 4 号）顺利实现了飞掠月球。飞船从离月球 58983 千米的地方飞过，虽然飞船上用来探测月球辐射的盖革粒子计数器没能打开进行观测，但成功抵达了月球附近。这是人类飞行器第一次超越地球逃逸速度，在美苏太空竞赛中为美国找回一点面子。

随后发射的几次"愤怒的小鸟型飞船"都以失败告终，其中包括先驱者 P-1、先驱者 P-3、先驱者 P-30 和先驱者 P-31。飞船结构都是一米大小的球形外面装着四块太阳能电池板，外形就像愤怒的小鸟。为了方便，我们把它们这个系列的飞船分别称为怒鸟 1 号、2 号、3 号和 4 号。

怒鸟 1 号飞船在发射架上测试时就爆炸损坏了，没能上天。

怒鸟 2 号发射后 45 秒就出现故障导致飞船连着第三级与第二级火箭分离，任务失败。

怒鸟 3 号发射后第二级火箭出现故障，故障的原因可能是燃料系统压力不正常，不能给发动机提供足够的氧气。飞船在印度洋坠毁。

怒鸟 4 号发射后 73 秒就出现故障，飞船没能进入预定轨道，掉落到离发射场只有 20 千米的大西洋中。飞船残骸后来被打捞上来。怒鸟 4 号是怒鸟系列飞船的最后一次发射，这次失败也宣告了怒鸟任务全部失败，令人感到"尤其失望"。可以想到当时参与项目的工作人员是多么失落。直到 4 年之后，美国国家航空和宇航局才迎来了第一个完全成功的探月任务。

先驱者系列 9 艘飞船，只有一次成功接近月球，其余都以失败告终。先驱者（Pioneer）的英文本意是先锋和先驱，这段时期几乎都成了先烈，也足以说明探月工程的难度，载人登月就更难了。正如后来美国总统肯尼迪说的，"我们选择登月，不是因为它简单，而是因为它很难"。美国探月起步阶段频频失败，在后期却创造了一个又一个类似载人登月这样的奇迹。正是这些"先烈"铺平了阿波罗 11 号的登月之路。

从先驱者 5 号开始，探测目标也从研究月球转变到研究太阳和太阳风，先驱者也从此走上了成功的道路，先驱者 6 号、7 号、8 号和 9 号都是围绕太阳运行的探测器。它们搭载了很多仪器在空间中获取数据。在完成地球附近空间的探测之后，科学家们了解到地球附近的空间，我们习惯上说它们是真空。但这些区域充斥大量的带电粒子。离地球更远的行星际空间是真空吗？有什么样的物质存在其中？先驱者号观测到了太阳风。太阳风是从太阳发出的高速运动的等离子流，充满了整个行星际空间。

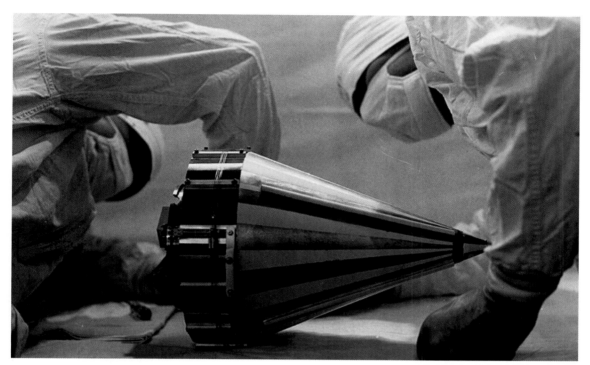

工作人员在安装甜筒 2 号

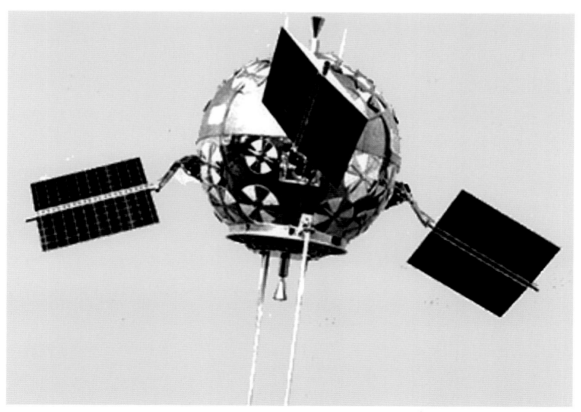

怒鸟 1 号

什么是等离子体？我们都知道物质有三态：固态、液态和气态。对固体进行加热，温度升高会变成液体，液体再加热会变成气体。如果我们对气体进行加热，气体原子或分子就会放出电子，分裂成为正离子和电子的混合体。由于正离子和电子的总电荷数相同，这种物质形态整体上呈电中性，被称为等离子体。

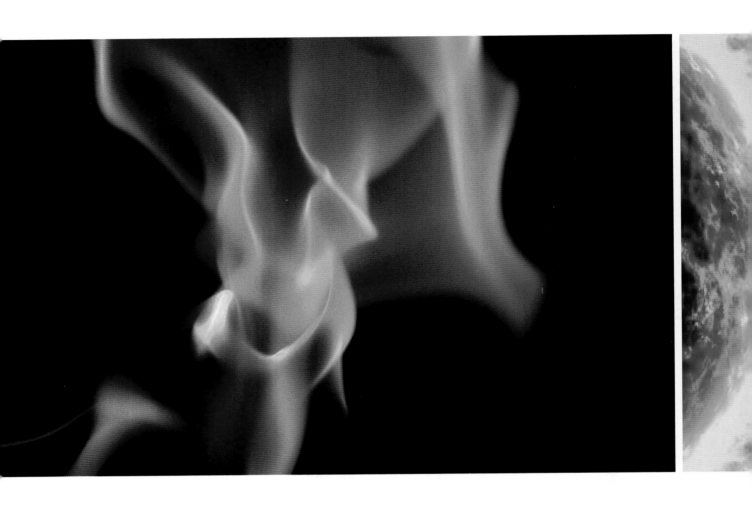

　　在日常生活中，我们也能见到等离子体，比如在火焰中。等离子体也有在温度不高但是密度特别低的地方，比如日光灯管中就存在等离子体。

　　太阳风就是从太阳这个大火球流出的等离子流。太阳表面附近的温度特别高，能达到几十万摄氏度甚至上百万摄氏度。所以一些带电粒子能克服太阳的引力溜出去，就像一锅烧开了的水里冒出的水蒸气。需要说明的是，由于太阳风中充满了各种各样带电的粒子，磁场对于这些物质有着很强的束缚作用。它们的运动变化规律和这些磁场的形态息息相关。太阳风吹到地球的平均速度是大约每秒 400 千米，比高铁的速度快了4000 多倍。如果人类发明了和太阳风一样快的交通工具，那么从北京到上海只需要几秒钟的时间。从太阳到地球的距离是 1.5 亿千米，太阳风从太阳出发，到达地球需要 3 天

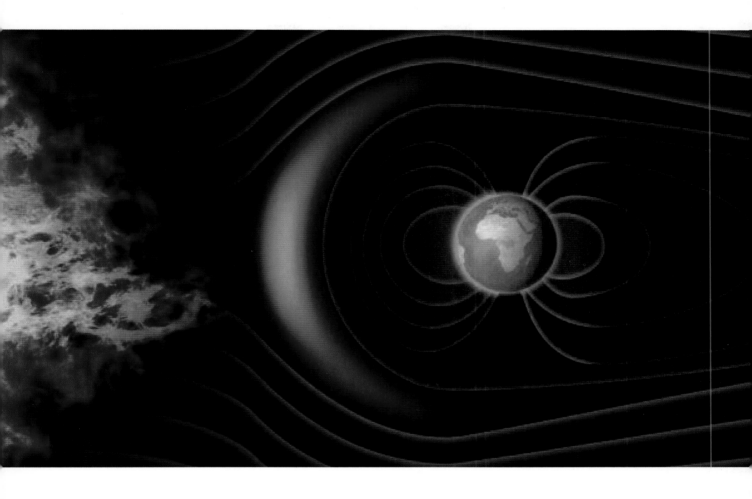

左右的时间。

　　太阳风的另一个特点是粒子数密度非常低，比我们呼吸的大气的密度低好多个数量级。作者曾经做过一个计算，体积和地球一般大的一团太阳风，它的粒子总量和一个篮球差不多，可见太阳风的密度之低。因为密度低，即使温度达到几百万摄氏度的高温，也不会烫伤里面的仪器设备，因为其所包含的热量和粒子数成比例。这些也是最早的观测得到的结论。

　　通过先驱者号的观测，科学家们借此获取了关于太阳和太阳与地球之间的空间的信息。也逐渐开始认识到，太阳爆发会影响地球的空间环境，有时候会给卫星或者搭载的设备带来损坏，严重时会导致卫星出现故障，甚至损毁。超强的太阳爆发有时候会影响地面

先驱者 6 号、7 号、8 号和
9 号都是这种木桶的形状

的通信，甚至毁坏输电线路，造成大面积的停电。

虽然发回了大量有用的信息，但每个"先驱者"都不大。它们的形状像一个大圆木桶，底部直径和高都在一米左右，太阳能电池贴在桶的周围，为卫星提供能量。这种圆桶形的飞行器设计后来被运用在很多的卫星计划中。比如我国的风云2号卫星。探测太阳风的装置安装在桶壁的周围。这些小探测器都运行了相当长的一段时间。尽管它们的设计寿命只有6个月。这4个探测器正常运行的时间比它们的设计寿命长得多。2000年，科学家们还收到了先驱者6号发来的信息。当时距离这个飞行器的发射已经35年，已经远超过了这个飞行器的设计寿命。科学家们联系了先驱者6号，只是想试试能不能联系上，结果还真的联系上了。

以现在的标准，早期先驱者进行的空间探测活动都不能算是真正的深空探测。真正的深空探测活动是从先驱者10号探测木星开始的。先驱者10号探测了木星、先驱者11号探测了土星，分别在第三章和第四章中有详细的介绍。

风云 2 号卫星，圆桶的构型

CHAPTER 3

第三章

木星探测

　　木星这颗太阳系中最大的行星，也有人说它是地球的保护伞。由于木星的质量大，很多从外太空向地球方向飞行的小行星都在它附近被吸引撞向了它，保护了地球免受这类小行星的撞击。木星是深空中离地球最近的行星，也常常被飞向其他行星的飞船作为中转站进行所谓的"借力飞行"。"借力飞行"就是飞船在行星附近飞过，利用行星的重力对飞船进行加速或者改变飞行的方向。在电影《流浪地球》中，流浪的地球也采用了这个技术，在木星附近飞过，利用木星的重力加速地球。"借力飞行"成功的关键是飞船要靠近行星利用行星的引力，但是不能太靠近。如果太靠近，就会出现像电影中地球撞向木星的情况。到目前为止，人类已经实现过多次的借力飞行，都成功了。飞向深空的飞船经常通过木星这个中转站来获得一定的速度，也常常借机对木星进行探测。探测木星的计划包括早期的先驱者 10 号、旅行者号、伽利略号和最新的朱诺号。

先驱者 10 号探测木星

　　1972 年 3 月 3 日，美国国家航空和宇航局发射了先驱者 10 号飞向木星，开始了真正的深空探测。先驱者 10 号是当时最快的人造飞行器，速度达到了每小时 52100 千米。它上面带着一些科学设备用来对木星进行近距离的观测。

先驱者 10 号在太空中的想象图

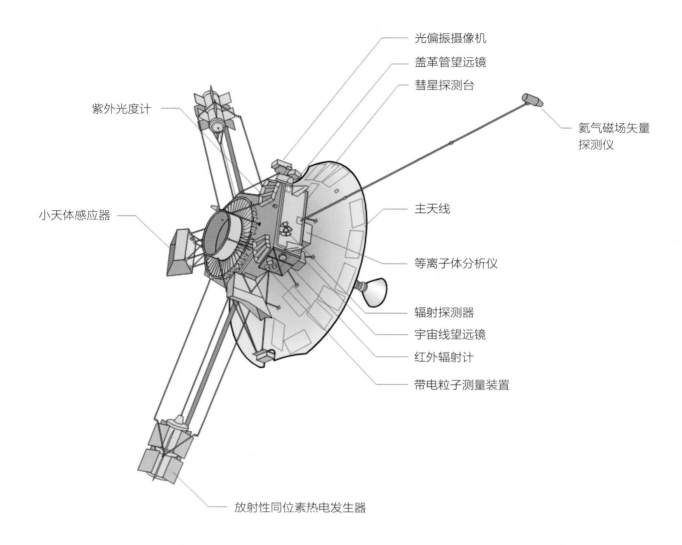

光偏振摄像机

盖革管望远镜

彗星探测台

氦气磁场矢量探测仪

紫外光度计

主天线

小天体感应器

等离子体分析仪

辐射探测器

宇宙线望远镜

红外辐射计

带电粒子测量装置

放射性同位素热电发生器

　　从外形上看，飞向深空的探测器长得都差不多，就是"一口大锅"加上一些伸出去的杆。这口大锅就是天线。在日常生活中，我们看到的卫星接收天线很多是一口锅的形状，而为了探索宇宙最深处的奥秘，中国在贵州造了一口世界上最大的"锅"——中国天眼。这些锅具体构造和工作波长可能有区别，不过基本原理有一点是一样的，都是通过反射把一个方向上的电波能量汇聚到一个点上，这样才能探测到很远处发出的微弱电波信号。先驱者 10 号的天线的直径接近 2.74 米，是我们日常用来炒菜的锅的近 10 倍。在飞船的漫长旅程中，这口锅只有一直准确地对着地球的方向，才能和地球保持联系。

　　飞船上的探测器通常可以分为成像设备、粒子探测和场的测量。成像遥感设备相当于照相机。和普通相机的区别在于飞船上的成像设备可以区分不同的光谱，而我们日常生活中常用的都是白光成像。先驱者 10 号上带着紫外光度计不能用来成像，而是用来测量总的紫外光的通量。通过测量木星或者宇宙的紫外光，能确定宇宙或者木星中氢和氦的比例。当然还有其他的一些成像设备，比如彗星探测器、红外辐射计等。红外辐射计通过测量木星或者其他星体的红外辐射获得星体的温度等信息。红外辐射是一种不可见的电磁辐射，就像我们日常使用手机接收到的无线电波一样，不过这种辐射的波长很短，只比可见光的波长长一些。通常温度高的物体都会发出红外辐射，测量物体的红外辐射计算物体的温度。

科学家研究行星或者其他天体，天体的成分组成是关键。除了光学手段，科学家也需要一些其他探测手段，比如直接测量粒子。因此也带有一些粒子探测设备，比如等离子体分析仪。相当于在日常生活中，我们了解一个人的状况，可以先给他照相，然后进行"直接观测"，比如量体温、血压等。

先驱者 10 号还有一台带电粒子测量装置和宇宙射线望远镜，都是研究高能的宇宙射线的。这些宇宙射线粒子的运动速度非常快，能量很高，对生物体有致命的威胁。地球附近的生物有大气层的阻挡，所以这些宇宙射线粒子非常少，而行星际空间中存在着大量这样的高能宇宙射线。这些宇宙射线的成分也包含了它的源区的一些物理特性。比如说来自一个方向的宇宙射线特别强烈往往意味着那一个方向天体的活动等。

除了成像粒子等测量方法，科学家们还需要了解行星和行星际中的磁场分布。在日常生活中，我们都见过磁铁吸引铁一类的金属。磁铁吸引铁的原因就是它发出磁场。地球的磁场是保护人类和地球其他生命能存活的关键因素，当然早期人类航海还用它来指引方向。行星的磁场也都能帮助科学家研究行星的起源和现状，先驱者 10 号上还搭载着一台探测磁场的设备——氦气磁场矢量探测仪。

飞船上伸出去的杆一部分是为了安装探测器的。比如飞船本体也会产生一定量的磁场，会干扰磁场的测量。为了获得准确的数据，科学家们都把磁强计的探头安装在远离飞船的地方。

飞船还有一个重要的组成是飞船的能源系统，我们见过的很多近地卫星都有巨大的太阳能电池帆板。先驱者 10 号的目标是探测木星，木星到太阳的距离大概是地球到太阳的 5 倍，到达木星附近的辐射能量是地球附近的 1/25。加上早期的太阳能电池的效率比较低，因此先驱者 10 号选择了另外一种供电方式，核能电池利用放射性元素铀 –238 来进行发电，在飞船发射的时候总的功率可以达到 155 瓦，到先驱者 10 号飞抵木星时降低到 140 瓦，而飞船所需要的功率仅仅为 100 瓦。为了防止因为铀 –238 衰变产生的粒子干扰飞船的测量，电池被层层包裹而且也安装在一两根三米长的伸杆上。类似的核能电池在后续伽利略号的任务中差点导致任务取消发射，也是人类航天历史上的一次风波。

先驱者 10 号首先飞过月球和火星，然后又穿过危险的小行星带。前文中讲过小行星带里面有很多小的星体、石块甚至微粒，都可能对飞船造成毁灭性的伤害，幸好先驱者飞船没有和它们撞上。

1973 年 11 月 6 日，在飞行了 1 年 8 个月之后，激动人心的时刻终于来到了。这一天先驱者 10 号飞船距离木星的距离减小到了 2500 万千米，相当于地球和木星轨道距离的 1/36。天文学家以前只是通过望远镜来观测这颗太阳系最大的行星，现在终于有机会进行近距离的观测了。所有的仪器都开始了紧张的测试，就像等待大明星出场的娱乐记者调试好相机准备拍照一样。

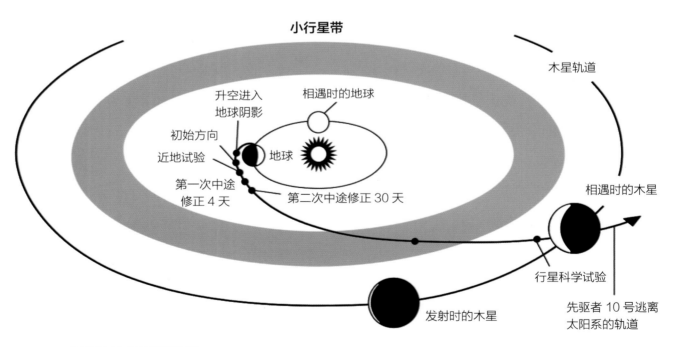

先驱者 10 号的运行轨道

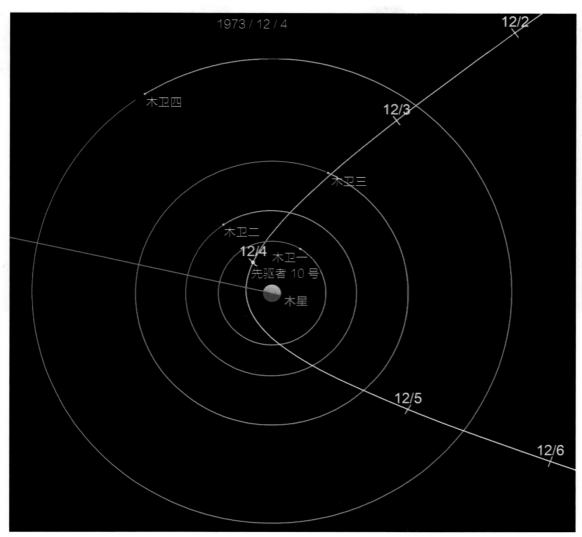

先驱者 10 号近距离飞过木星的示意图

　　12 月 3 号，先驱者 10 号来到了距离木星约 13 万千米的地方，在近距离给木星和木星的卫星拍下了几百张照片。这些照片清晰地显示了木星表面的大红斑，还有其他一些卫星。部分照片在电视台上直接播出，获得了美国电视机构颁发的艾美奖。

　　先驱者 10 号测量了木星的辐射带和磁场，这之前科学家只能通过测量木星的电磁辐射来观测木星的辐射带。很多之前的科学猜想被证实，比如木星有强大的磁场，木星附近还有非常强的辐射，观测到的辐射强度比地球辐射带中最强的地方还要强 1 万倍。红外观测显示木星向外辐射的能量高于木星接收到的太阳辐射，说明木星自身产生很大的热能。

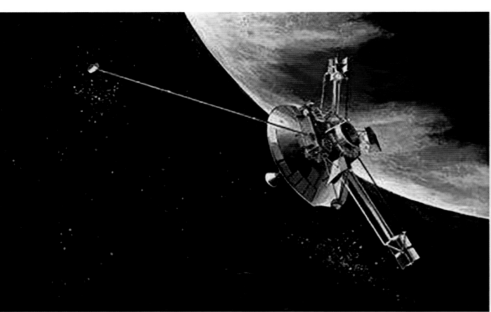

木星和木星的卫星

飞过木星后，先驱者 10 号的旅程并没有终止。1983 年，它穿越了海王星的轨道。

1997 年 3 月 31 日，这个项目正式终止。不过飞船仍然和地球保持着联系。直到 2003 年 1 月之前，美国国家航空和宇航局偶尔还能联系上它，之后的几次尝试联系都失败了，因为先驱者 10 号和地球的距离实在太遥远了。这个时候，先驱者 10 号和地球的距离达到了 80 个天文单位，即 120 亿千米。

美国 10 美分邮票

先驱者 10 号创造了当时的多项世界纪录。它是到当时为止世界上飞得最快的飞船，也是第一个达到第三宇宙速度的飞船。第三宇宙速度也称为逃逸速度，是脱离太阳引力飞出太阳系的速度。它是第一个穿越小行星带的人造飞船，也是第一个近距离飞过木星的人造飞船。同时也验证了飞船可以通过行星来借力飞行，不用消耗燃料，却能够达到更高的速度的想法。

旅行者号探测木星

旅行者号是 1977 年美国国家航空和宇航局的两艘深空探测飞船，它们的设计目标是探测木星和土星。旅行者 2 号当年 8 月发射，旅行者 1 号 9 月发射升空。

两艘旅行者号飞船外形和上一节中介绍的先驱者 10 号差不多，也是一口大锅带着几根杆的设计。由于需要传输的数据比较多，这口锅比先驱者 10 号的锅还要大，直径达到 3.7 米。在飞船运行的过程中，天线的方向同样一直对准地球，保持和地球的联络。飞船上也搭载了一系列当时世界上最先进的探测设备，基本上可以分为成像设备、粒子和场的探测设备。

虽然说整体设计思路相似，相比先驱者 10 号，旅行者 1 号的仪器设备要强大许多。以成像系统为例，旅行者 1 号上安装了一个强大的科学成像系统，包括一台窄视场成像相机和一台宽视场成像相机。每台相机都能分辨从可见光到紫外波段的光谱。相比之下，先驱者 10 号搭载的相机只相当于一台黑白相机。另外，为了防止"大锅"遮住成像的视角，这台仪器被安装在一个从天线边上伸出去的杆上。同样享受这个待遇的还有等离子体测量仪等。

旅行者 1 号也使用核能电池供电。它采用了 3 块核能电池，总共能产生 470 瓦的电能，这个电池能一直工作到 2025 年。

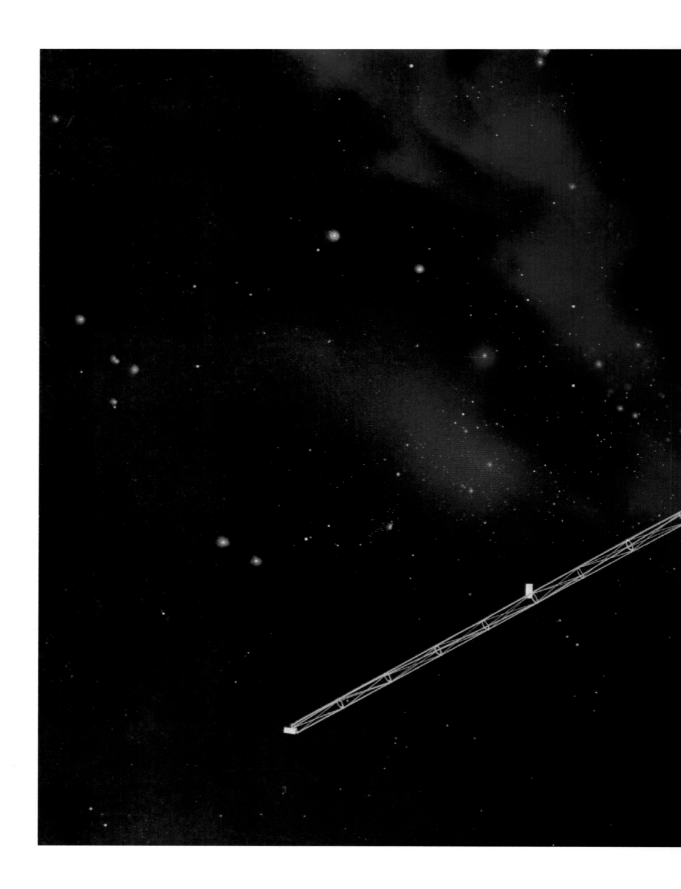

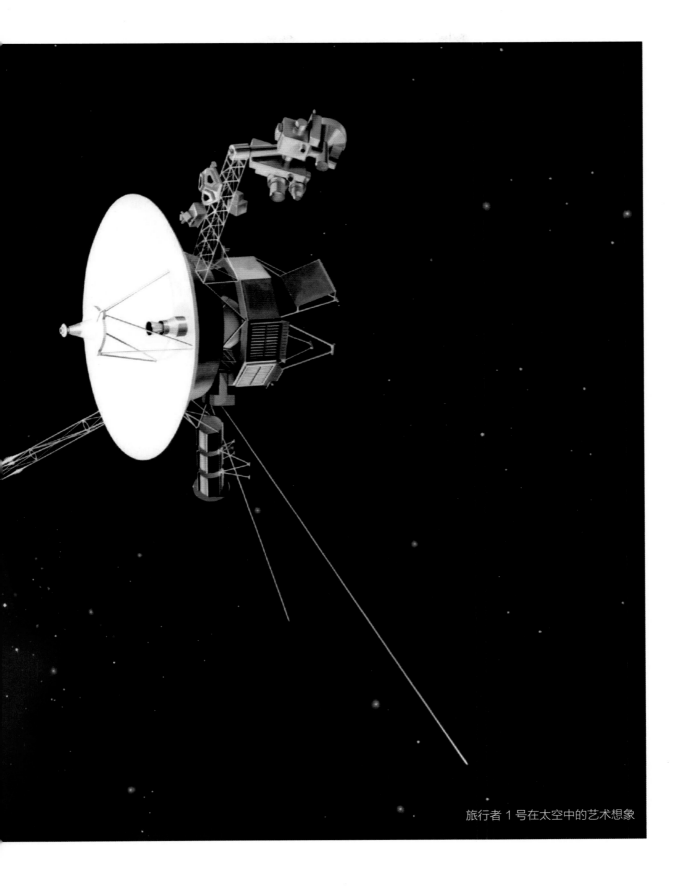

旅行者 1 号在太空中的艺术想象

看起来就像一个放大版的先驱者 10 号

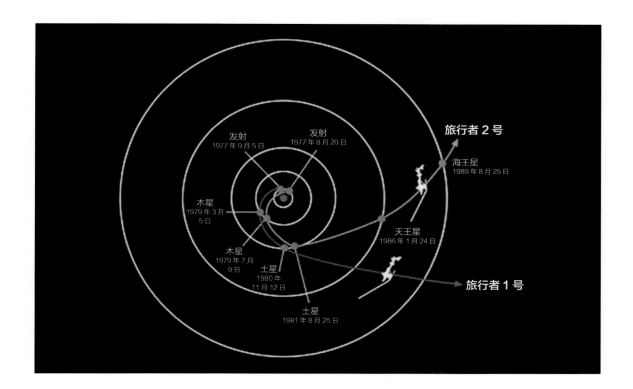

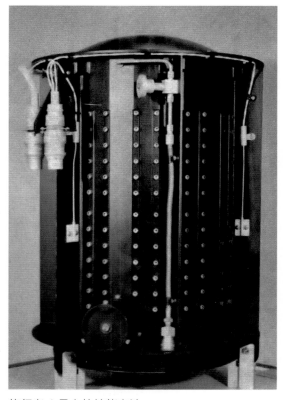

　　1979 年 5 月，旅行者 1 号抵达木星。在距离木星约 35 万千米的地方给木星和它的卫星拍照。虽然这个距离不如之前的先驱者 10 号的 13 万千米近，但是由于旅行者 1 号上搭载了更先进的探测设备，所以拍摄到了更清晰的木星照片，还发现了木星的环。木星也有环，而且不只是几个环，而是上千个环，但是非常不明显，需要高清晰度的拍照技术才能发现。这也是旅行者 1 号探测木星取得的重大发现之一。

　　这两个"旅行者"也探测了木星的卫星。它们发现了木卫一上面有活火山，首次在地球外之星球上发现火山活动让科学家非常惊讶。

旅行者 1 号上的核能电池

旅行者 1 号拍摄的大红斑

木星的环，不如土星的环明亮，
地球上看不到，只有在太空中借助高分辨率的
相机才能观测到

1979 年 3 月 5 日 0 时
地点：在木星上空盘旋（62.3659 个天文单位）

3/3

3/4

3/5

旅行者 1 号

木卫一

木星

木卫三

木卫二

3/6

木卫四

3/7

木卫一（伊奥）上面的火山

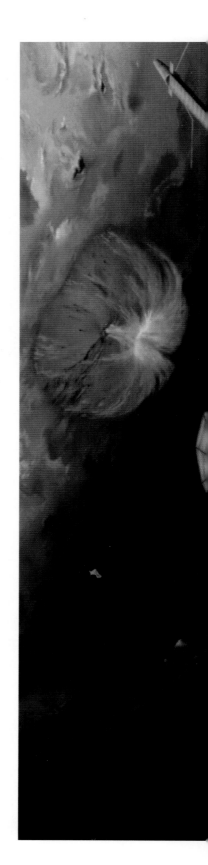

　　旅行者 2 号在旅行者 1 号抵达木星后两个月抵达了距离木星 57 万千米的地方，并且开展了对木星和木星卫星的观测。旅行者 2 号的观测证实了大红斑是一个旋涡，还发现了其他几个旋涡。旅行者 2 号还对木星的其他几个卫星进行了观测，证实了木卫一上的火山爆发等。

　　它们还发现了木星的几个新的卫星。除此以外，旅行者号们还进一步观测了木星的磁场。相比旅行者号们在随后的旅程中的发现，它们对于木星的观测取得的成绩差不多可以忽略。

命运多舛的伽利略号

　　在旅行者号探测木星时，科学家希望更进一步地
了解木星和它的卫星。1989 年，美国国家航空和宇航
局计划发射伽利略号木星探测飞船。这次任务和之前
发射的先驱者号 10 号和旅行者号不同，它不是简单地
飞掠过木星，而是环绕木星运动，长期对木星和它的
卫星进行观测。

伽利略号探测木星

著名物理学家伽利略

　　伽利略号的名字来源于著名的意大利天文学家和物理学家伽利略。16 世纪，伽利略第一次把望远镜对准天空，发现了很多星空中的奥秘，比如木星的卫星、金星像月亮一样的圆缺变化。这些发现有力地支持了日心说，为纠正当时人类对世界的错误认识提供了有力支持，也为后世开普勒发现行星运动的三大定律打下了基础。要知道，开普勒的三定律可是后世牛顿发现万有引力的基础。可以毫不夸张地说，伽利略进行天文观测取得新发现是当年人类进步的阶梯。科学家们希望伽利略号也能取得一些重大的发现。

　　从外形上看，伽利略号飞船看起来似乎也和之前发射的飞船非常接近，同样有一口锅背后背着一些仪器设备，但实际并不相同。我们看到的伽利略号上形状像锅一样的物体并不是天线，而是太阳光防护罩。飞船一共安装了两组低增益的天线和一组高增益的天线。其中一组低增益的天线用于发射初期飞船距离地球比较近时和地球通信，另一组用于飞船远离地球时进行通信。

　　伽利略号飞船上的科学探测设备同样也包括成像、粒子和场的探测。和之前不同的是，伽利略号还增加了一个木星大气探测器，准备飞到木星的大气层中进行探测。

　　伽利略号木星探测器计划通过地球借力飞往木星，即在发射之后绕太阳一周后和两周后，近距离飞过地球，利用地球的引力进行加速。这个设计可以节约燃料，使整个探测计划的成本大大降低。和之前先驱者 10 号飞船和旅行者号飞船一样，伽利略号也携带了一些用于供电的核燃料。环保组织担心万一飞船控制不好撞向地球，核燃料在大气中扩散，造成大量地面的人员死亡，带来巨大的灾难。环保组织一度上法庭申请禁止令，阻止伽利略号飞船的发射。当时正好遇上美国的挑战者号航天飞机爆炸和苏联的切尔诺贝利核电站事故，民众把这几件事情联系在一起，顿时觉得这次飞行隐藏着巨大的危险。在普通民众的心目中，航天飞机会爆炸，伽利略号也可能爆炸，而爆炸就可能导致核泄漏，造成巨大的灾难。

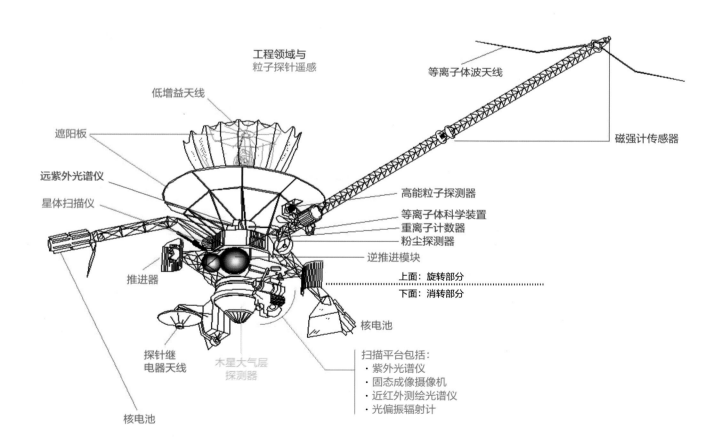

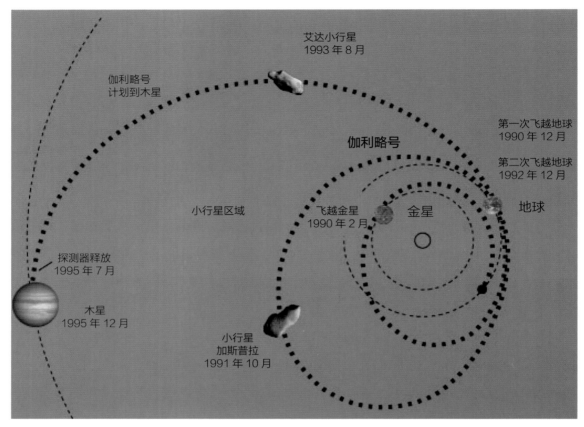

伽利略号从地球出发，利用金星、地球借力最终抵达木星

　　伽利略号差一点就出师未捷身先死。后来经过康奈尔大学著名的天文学家卡尔萨根教授撰文解释，说明科学家在计算航天器的轨道的时候非常谨慎，而且负责做这个行星借力计算的团队也非常有经验，出现飞船撞上地球的概率非常小，才最终平息了这场官司。

　　1989年10月，重约2.7吨、长约6米的伽利略号由亚特兰蒂斯号航天飞机发射升空。宇航员将其从航天飞机上释放，它从此开启了太阳系中的旅程。因为采用了地球借力，伽利略号飞抵木星的时间比之前的3艘抵达木星的飞船花的时间都要长，计划的时间是6年。不过，也是因为采用了地球借力，这艘飞船才能携带足够的燃料在接近木星的时候进行刹车，开始环绕木星的飞行。

　　在到达木星之前，美国国家航空和宇航局有机会测试一下飞船所搭载的仪器能否正常工作。当伽利略号飞过地球时，天线不能正常开启，可能是天线的伸展机构卡住了。

这是飞船在远离地球时用来通信的高增益天线。这个天线由 18 根杆伸展开构成。其中 3 根杆未能完全伸展开，这个天线看起来就像一把坏了的雨伞。

科学家们试验了很多方法来挽救这个未能展开的天线，包括让飞船快速转动、利用太阳光照射伸展机构等，但都没成功使天线展开。不过科学家们想出了一个替代方案，对探测的数据进行了压缩，然后再发送回地球，虽然传输信息的能力大打折扣，不过仍然可以传很多信息到地球。空间探索任务难度大、风险高。科学家们必须不断创新，还要有能力在最后一秒解决问题。

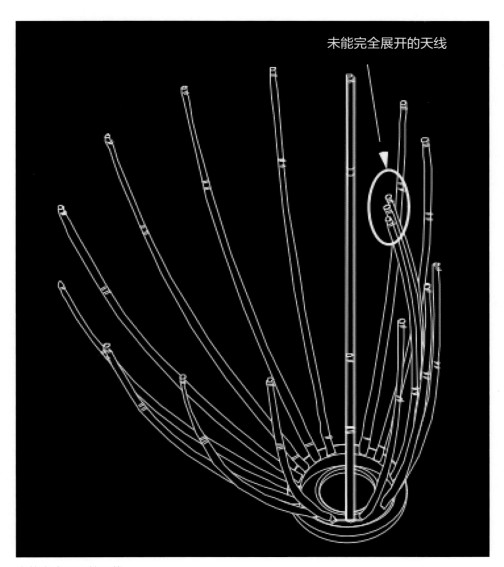

未能完全展开的天线

未能完全展开的天线

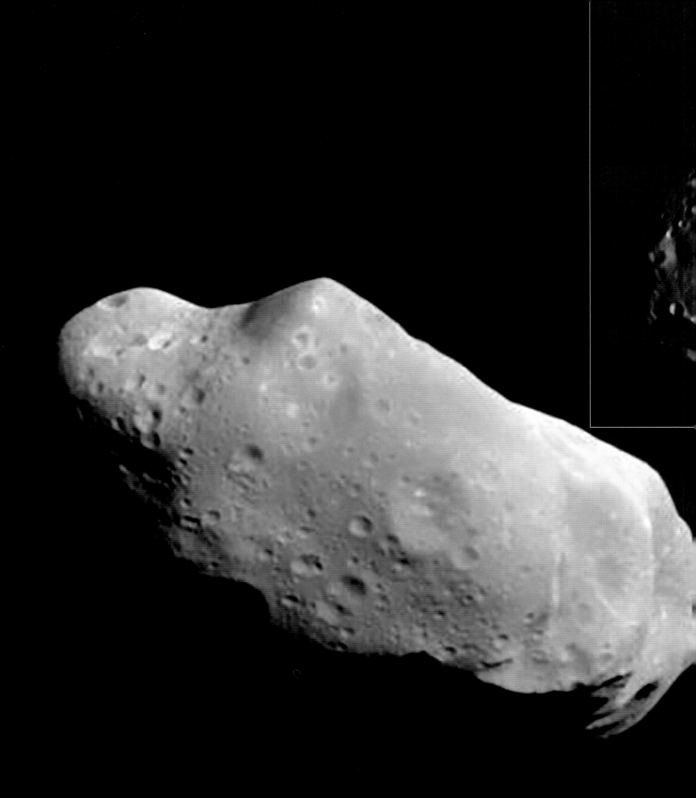

小行星艾达和它的卫星

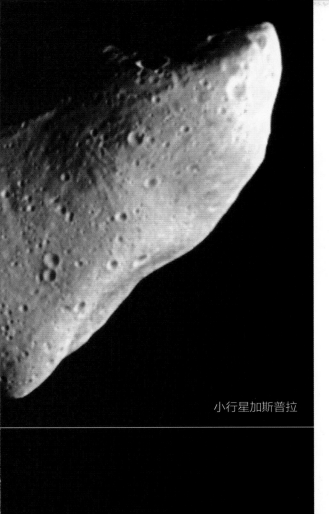

小行星加斯普拉

伽利略号抵达木星之前，它也发回了一些非常好的照片。它在近距离上观测了金星。它穿越了小行星带，在1600千米的距离上拍到了一张小行星加斯普拉的照片，这也是当时世界上最清晰的小行星照片。

在穿越小行星带时，伽利略号一个非常有趣的发现是，一个小行星居然也有卫星围绕。多数大行星都有卫星，比如地球有月球、木星有几十颗卫星。因为大行星本身质量比较大，容易捕获周围的天体，而小行星通常不具备这种能力。

最后，经过了长达6年的飞行，伽利略号飞近木星，人类开始了第一次对木星的环绕探测。它释放了一个小的探测器。这个探测器飞向木星的大气，发回木星的天气信息。木星的天气和地球的天气完全不同。木星上的风速为每小时480到640千米，比地球上的风速略快，比太阳系行星中风速最快的海王星要低一些。木星上很热，没有云。不到一个小时，这个小探测器就熔化了。木星实在太热了。不过这也在科学家的预料之中。飞船继续环绕木星运动，两年内转了11圈。

伽利略号是人类历史上第一个环绕木星的飞行器，取得了很多重要的成果，比如首次在地球以外的行星上发现了氨气云、

木卫三　　　　　　　　　　　　　　　　　　　　木卫四

木星的几个主要的卫星

木星探测器分离示意图

木卫一　　　　　　　　　　　　　　　　木卫二

进一步地认识了木星的磁层等。它在随后进行的木星卫星的研究中也取得了一系列惊人的发现。比如在前文中我们提到过木卫一上的火山，伽利略号对木卫一的火山活动进行了系统的观测，发现木卫一上的火山活跃程度比地球上的火山高出 100 倍。另一个让人称奇的发现是木卫三上居然和地球一样有整体磁场，这是第一次在卫星中发现这样的现象。伽利略号还发现了木星环是小天体撞击木星最靠内的小卫星产生的。这些小天体因为木星的引力被迫改变轨道撞向木星，在撞上木星之前和木星的卫星相撞产生了一些细小的颗粒。这些细小的颗粒环绕着木星运动，形成了一个薄薄的环。

伽利略号一直运行到 2003 年 9 月，最后在科学家的引导下撞向木星，完成了它坎坷的探索历程。如果不是因为天线不能展开，也许伽利略号能取得更多更有价值的发现。

朱诺号

伽利略号飞船探测木星之后，科学家们发现还有很多的问题没有答案。比如个头那么大的木星是怎么形成的？在厚厚的气体表层内部，是不是还有一个岩石的内核？木星的大气中有多少水分？为了寻找答案，科学家们又开始对木星的新的探测。

朱诺号（Juno）的名字来源于古罗马神话中天神朱庇特（木星的英文名）的妻子朱诺。传说天神朱庇特化身成一片黑云以掩盖自己的一些丑行，而这些伎俩当然瞒不过多年的枕边人朱诺。科学家希望朱诺号能够拨开层层的迷雾，发现木星的一些本质的奥秘。

作为美国新科学前沿计划的一部分，朱诺号 2011 年 8 月 5 日发射升空，2016 年 7 月 5 日开始环绕木星进行观测。和之前的伽利略号和旅行者号采用核能电池不同，朱诺号采用太阳能电池供电。为什么之前的木星探测都采用核能电池而朱诺号可以用太阳能供电？当然这要归功于太阳能电池技术的进步。到了 21 世纪，人类已经可以制造出面积不大但是却能在木星轨道上给飞船提供足够电力的太阳能电池，而且造价比核能电池便宜。在航天工业中，除了可靠性和重量，成本也是一个必须考虑的因素。

朱诺号飞船最显眼的 3 块巨大的太阳能电池板，每块电池板长 8.9 米，宽 2.7 米。在地球附近时发电功率可以达到 14 千瓦，在木星轨道的功率约为 486 瓦，大概相当于两到三台普通电脑的用电量。3

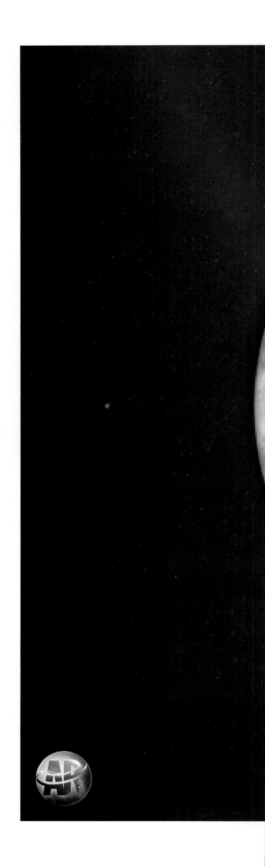

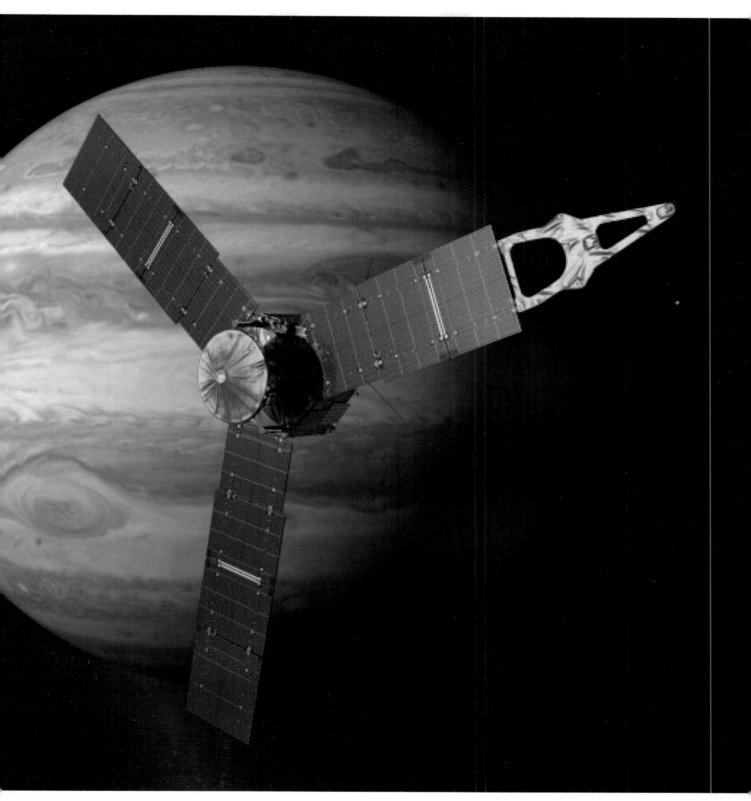

朱诺号探测木星

块巨大的太阳能电池板除了提供卫星必需的能源之外，还帮助飞船保持姿态稳定。相比巨大的太阳能电池板，朱诺号用于通信的天线显得很不起眼，只有 2.5 米，比之前先驱者号和旅行者号都小。这又是为什么？除了数字通信的技术进步之外，一个重要的原因就是美国改善了地面的深空通信设备，在地面上有了更强大的发射和接收能力，因此对于飞船天线口径和发射功率的要求就降低了。省下来的重量和功率让飞船可以搭载更多的科学载荷。

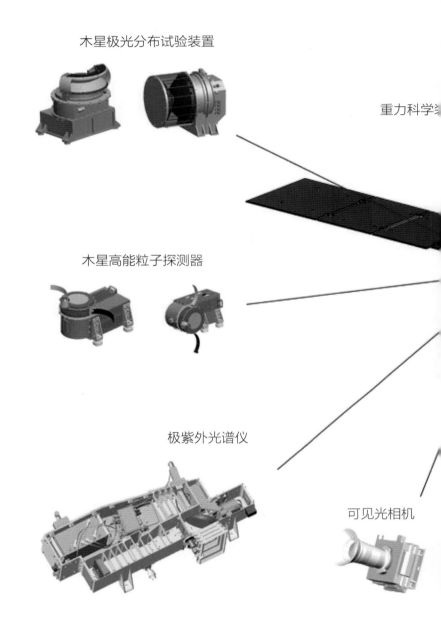

木星极光分布试验装置

重力科学装

木星高能粒子探测器

极紫外光谱仪

可见光相机

朱诺号搭载的主要科学仪器示意图

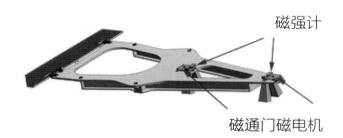

磁强计

磁通门磁电机

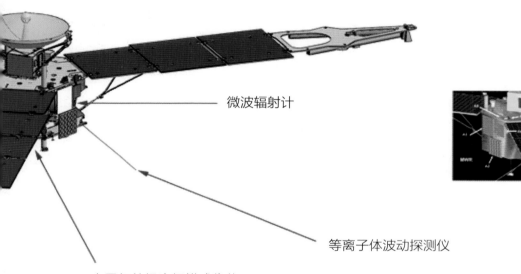

微波辐射计

等离子体波动探测仪

木星红外极光扫描成像仪

朱诺号的主要科学目标是研究木星的磁场和木星的内部结构，搭载的科学仪器也基本包括成像设备（照相机）、电磁场和波动观测设备、粒子探测设备。这里值得说明的是，研究木星的极光就有两台设备。木星红外极光扫描成像仪和木星极光分布试验装置都是研究木星上极光的分布的。极光是高能粒子和中性大气相互作用产生的一种发光现象。地球上也有极光，研究极光的光谱可以获得大气中的成分信息。这项技术也被应用到了研究木星上。因为深入木星内部，普通的遥感设备也不能穿透木星的大气。

另外，有一台仪器的名字叫重力科学装置，这台仪器实际上是用来和地球通信的，但科学家们也用它来研究木星内部的质量分布。木星内部的质量分布变化，会导致木星附近的重力变化，并由此改变朱诺号的速度，速度改变会导致和地球通信的电波产生多普勒效应。这台仪器会记录多普勒效应产生的频率移动，从而帮助我们了解木星内部的质量分布。

微波辐射计通过测量来自木星内部的特定频段的电磁辐射来研究木星的内部的大气成分。只有少数波段能透过木星稠密的大气到达朱诺号，科学家通过比较不同频率的辐射强度可以估算出木星内部对应区域的温度等。

我们已经知道木星也有一个高能粒子聚集的辐射带，而且这个辐射带比地球的辐射带更强。辐射带中大量的高能粒子能减短电子仪器和器械的使用寿命。朱诺号采用了穿越极区的轨道来避开辐射带中的高能粒子。

朱诺号的轨道和木星的辐射带中，靠近木星红色的部分就是高能粒子聚集的辐射带区域。

到目前为止，朱诺号最令人惊奇的发现是极区的龙卷风。可见光相机拍到的木星极区的照片显示，木星极区大气中有着很多股龙卷风不停地旋转，有的宽度达到1000多千米。这样的龙卷风和地球上的龙卷风完全不一样。它们是怎么形成的，又会怎么演化，到目前为止还是一个谜。

朱诺号对木星的内部探测也取得了一些阶段性的成果，它测量了不同区域水和氨的比，发现在不同区域的差别非常大，就是说水和氨在木星上的分布非常不均匀。这个探测结果也出乎科学家的预料。另一个惊人的发现来自重力科学实验装置的探测结果，数

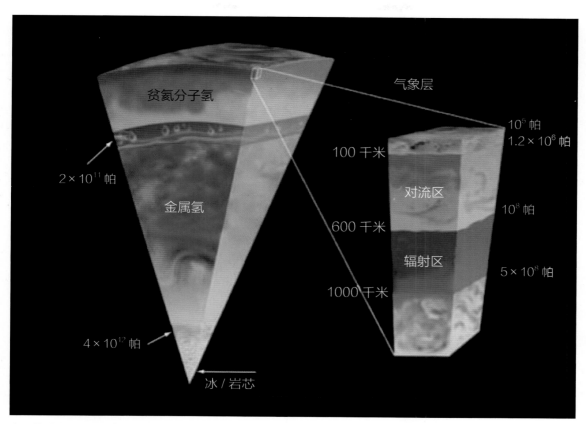

木星的内部构成

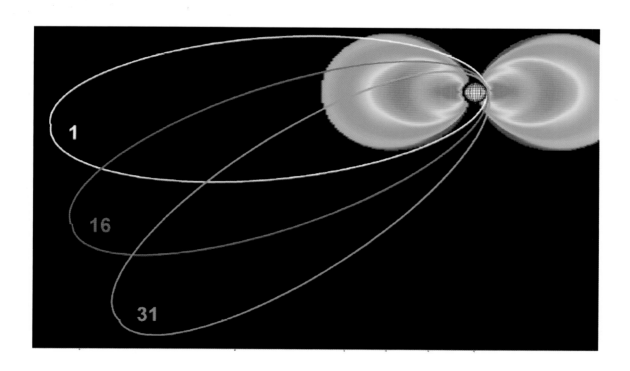

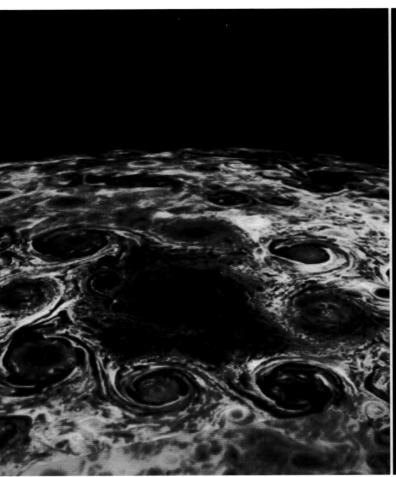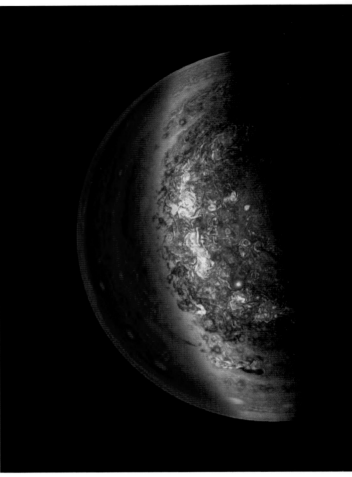

据结果显示木星表面的物质运动可能一直延伸到表面以下数千千米的区域。这个结果有待科学家进一步的研究证实。

朱诺号还在围绕木星进行探索，为人类继续采集数据。科学家们紧张工作，分析朱诺号已经发回来的数据。期待在不久的将来，科学家取得更多激动人心的发现，揭开更多与木星相关的科学奥秘。

CHAPTER 4

第四章

探测土星

　　土星也是一颗体积庞大的气态行星，虽然比木星稍微小一点，但在深空探测中也备受关注。其中一个原因是土星有一个巨大的环，这个环在地面用望远镜就可以清楚地看到。除了土星环，土星有 60 多颗大小形状不一的卫星。土卫泰坦的个头比水星还大。到目前为止，在土星附近飞过进行探测的飞船有先驱者 11 号和旅行者号，之后，卡西尼号飞船环绕土星飞行，对这个行星进行了非常仔细的探索和研究。

土星的环

先驱者 11 号

先驱者 11 号是先驱者 10 号的姊妹飞船。它的形状、结构、搭载的载荷和先驱者 10 号一致。唯一的不同点是，先驱者 11 号多了一台磁通门磁强计。这种仪器通过导线圈的磁场通量来测量磁场的强度，现在的空间探测的卫星通常采用这种技术来测量磁场。当然它的探测目标是土星。

先驱者 11 号拍摄的土星照片

先驱者 11 号 1973 年 4 月 6 日发射，比先驱者 10 号晚了 1 年多。先驱者 11 号没有利用金星借力，也没有利用地球借力，而是直接飞向木星。在木星附近利用木星借力，飞向土星。这样的借力在深空探测的历史上用过多次，总的看来是安全有效的，当然科学家们需要精确控制飞船的轨道以达到借力的效果。

在这次短暂的木星借力过程中，先驱者 11 号也对木星进行了一些探测，拍摄了一些大红斑的照片。不过它的主要目标是土星。1979 年，先驱者 11 号抵达土星，最近的时候离土星约 20000 千米。它拍摄了很多漂亮的土星照片，发现了土星的两个新的卫星和新的土星环。先驱者 11 号观测了土星的磁场、土星的磁层。土星也有自己的磁场和磁

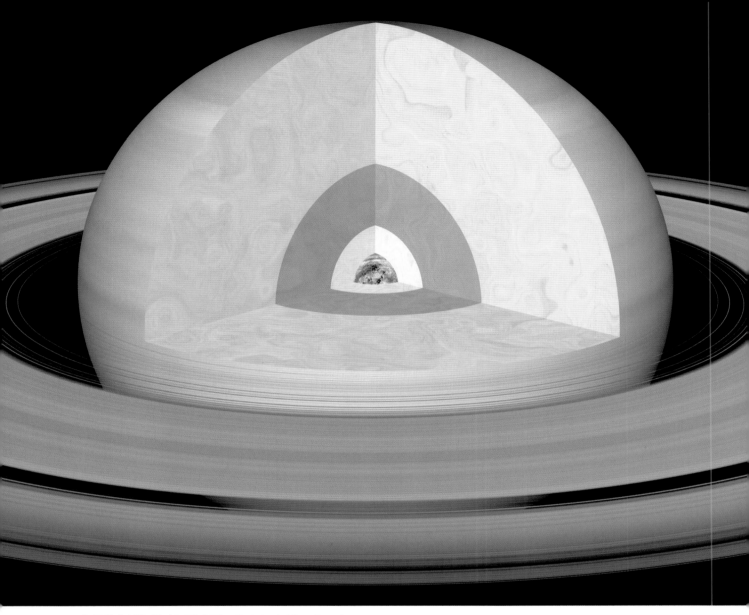

土星的内部构造（图片来源：Calvin J. Hamilton）

层，在这一点上，土星、木星和地球是一致的，不过前两者的规模比地球的要大多了。先驱者 11 号还研究了土星的内部结构，发现了土星那个最大的卫星泰坦因为太冷而不适合生命存活。同时它也进行很多其他观测，使当时的科学家们掌握了更多关于土星的信息。同样它也为后来的探测计划铺平了道路。

先驱者 11 号继续向前，它搭载的仪器继续观测太阳风和其他一些空间信息。到它停止和地球通信的时候，它已经远在离地球 100 多亿千米以外，大概相当于 70 个天文单位（天文单位等于太阳到地球的距离）。

旅行者号探测土星

旅行者号飞船完成木星探测任务后，又飞向下一个目标——土星。1980 年，旅行者 1 号飞抵土星。随后，1981 年，旅行者 2 号也抵达土星，开始了对土星的观测。

旅行者 1 号最近离土星的云层表面只有 12.4 万千米。对土星的研究获得了一些有趣的发现。比如发现土星的赤道地区的风速达到了惊人的每秒 500 米。相比之下，地球上最大的风发生在南极，约为每秒 100 米。另一个发现是土星上也有极光，不过和地球上的极光通常只发生在南北两极不同，在土星中纬度地区飞船也观测到了类似极光的紫外辐射，说明在土星中纬度地区也有可能有极光发生。如果同样的极光发生地球上，生活在北京、上海或者武汉的中国人在家里就能看到美丽的极光了。当然如果真是这样的话，我们可能就要给极光另外一个名字了。不过这种中纬度的极光只发生在土星的白天，具体是怎么产生的还是一个谜。

旅行者 1 号还近距离观测了土星的卫星泰坦。最近时离泰坦只有 6400 千米，相当于最近时飞船和泰坦之间只能放下半个地球。在这之前，泰坦一直被认为是太阳系卫星中最大的一个，所以有这个很霸气的名字。旅行者 1 号观测发现，泰坦周围包围着一层厚厚的大气。实际上泰坦固体部分的体积比木卫三小一些。木星长长地舒了一口气。

土星上的极光

旅行者 2 号研究了土星上层大气的温度和密度。土星上层大气的温度低至零下 190 摄氏度，气压约为 7×10^3 帕，相当于大气压的 1/15。随着高度的下降，温度和密度都升高，在旅行者 2 号飞船仪器能测到的最深处，温度达到了零下 130 摄氏度，气压也升高到 1.2×10^5 帕，超过了地面的大气压。和地球一样，土星极区的温度比中纬度低大概 10 摄氏度，这个差别也可能随季节变化。

探索完木星和土星之后，最开始设计的科学目标就完成了。不过旅行者号飞船并没有停下脚步，而是一路向着深空飞行，到今天仍然发回科学数据。一个原本设计寿命为 8 年的飞船却成功地工作了 40 多年，是人类航天史上的奇迹。在后面第五章我们将继续介绍旅行者号接下来的旅程和它的一些伟大发现。

卡西尼号探测土星

　　继伽利略号对木星进行环绕观测后，科学家们希望开展土星的环绕探测。就在伽利略号探索木星的同时，科学家们已经在建造一艘新的飞船卡西尼号。飞船的名字来源于著名的意大利天文学家卡西尼。他利用天文望远镜观测土星，发现了土星环的分层以及土星的四颗卫星。这艘飞船还带着一个小型的着陆器，名叫惠更斯探测器。惠更斯就是历史上首次发现泰坦的荷兰天文学家。

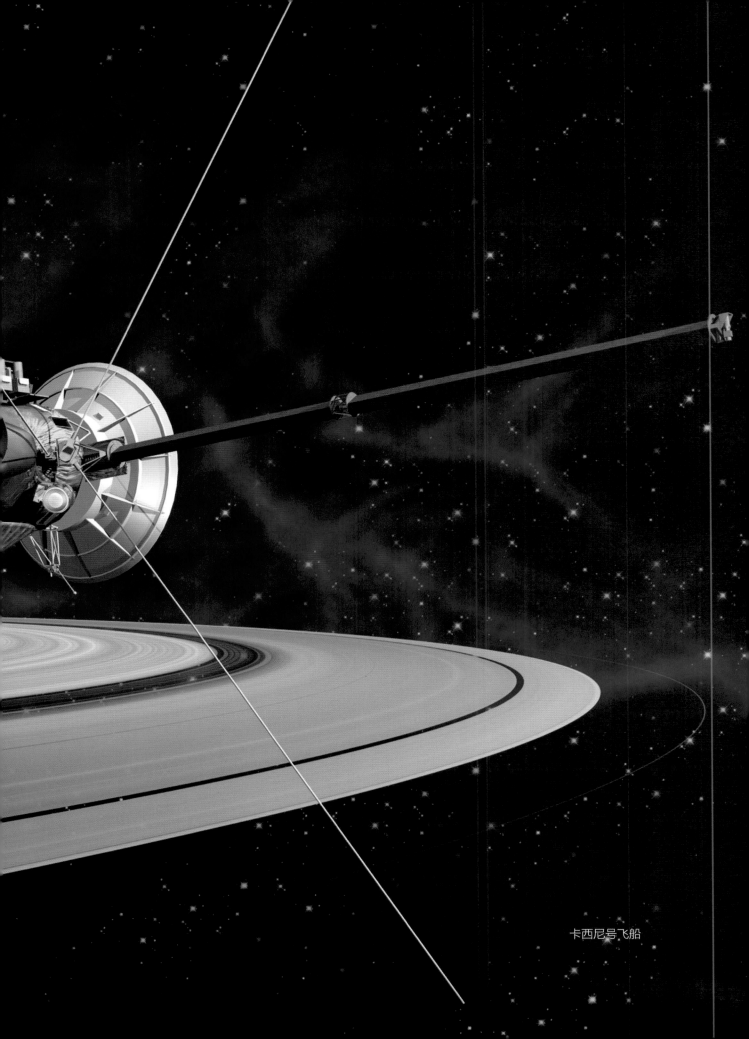

卡西尼号飞船

意大利天文学家卡西尼　　　　　　　　荷兰天文学家惠更斯

1997 年 10 月，美国国家航空和宇航局发射了卡西尼号飞船。在飞船上搭载了一个由欧洲空间局设计制造的惠更斯探测器。欧洲空间局就是欧洲各国联合起来探索空间的机构。卡西尼号比伽利略号大得多。它重达 5700 千克，而伽利略号只有 2200 千克。卡西尼号的锅（通信天线）直径达到 4 米，比旅行者号的 3.7 米还长。不过在整个飞船上不是十分突出，因为这口锅后面连接着一个相当大的船身。除了包括一些科学探测仪器之外，还有两台推力 490 牛的火箭发动机。从这两台发动机喷出的气体速度达到了每秒2 千米。

卡西尼号搭载了很多科学探测仪器来进行测量和实验。科学仪器大致分为光学遥感探测、无线电遥感探测和进行就位探测的设备包括粒子、电磁场和电磁波动探测。

光学遥感探测设备有 4 台：可见光成像系统、红外光谱仪、可见光和红外扫描光谱仪和紫外成像谱仪。这些光学遥感覆盖了紫外、红外和可见光的波段。通过这些遥感设备测量得到的光谱能很好地分辨土卫地表的成分和土星大气的成分。无线电遥感设备包括一台雷达和一个无线电科学系统。这个无线电科学系统的工作原理和上一章中介绍的

朱诺号上的重力科学系统类似，也是通过监测通信电波的频率变化来计算土星的重力场
然后反演出土星内部的质量分布，实际上应该是朱诺号继承了卡西尼号上的这台仪器。
因为卡西尼号的研制时间早于朱诺号。

　　粒子、场和波动的就位观测系统包括 6 台仪器，分别是卡西尼等离子体谱仪、宇宙
尘埃分析仪、离子和中性成分谱仪、磁层成像仪、无线电和等离子体波动探测仪。我们
在前几章中介绍过，空间探测重要的一个方法就是直接测量行星周围磁层的组成成分，
还有离子的能谱分布特性等。磁层成像仪其实是一个中性原子成像仪，通过测量中高能
中性原子来对土星的磁层进行成像。

　　惠更斯探测器是一个着陆探测器，计划在泰坦上着陆，对这个土星最大的卫星
进行观测。为了防止在着陆过程中被高温毁坏，探测器上加了一个直径 2.7 米的保护
罩。着陆后脱离了保护罩的探测器部分直径只有 1.3 米。搭载 6 台科学仪器：惠更斯
大气结构探测仪、多普勒风速仪、成像仪、气体成分分析仪、气溶胶分析仪和表面
分析仪。

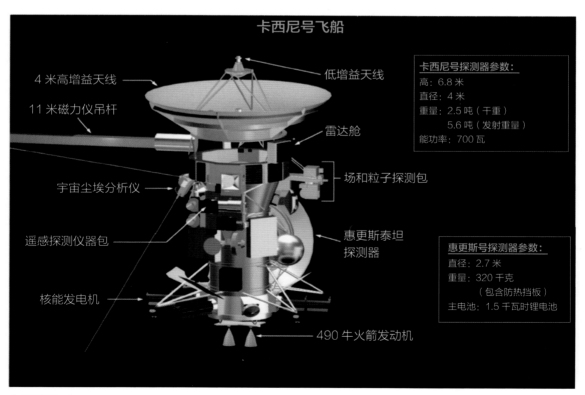

卡西尼号飞船

卡西尼号紫外成像谱仪拍摄到的土星环

　　经过 7 年的时间，飞行了 35 亿千米以后，卡西尼号于 2004 年抵达木星。飞行距离相当于 24 个天文单位（一个天文单位等于太阳到地球的距离，大约 1.5 亿千米）。随后惠更斯号着陆器在卫星泰坦上成功着陆。这是有史以来在离地球最远的星球上着陆，到目前为止，这个纪录仍然没有被打破。

　　卡西尼号和惠更斯号搭载的科学载荷为许多科学问题寻找答案。比如，土星环是怎么形成的，为什么会有不同的颜色？土星还有没有其他的卫星？为什么土星会

惠更斯号探测器

发热？等等。

虽然之前先驱者号和旅行者号也抵达过土星的磁层，不过停留的时间非常短，只做了一些非常简单的测量。卡西尼号对土星的磁层做了详细的研究，取得了一些非常有价值的发现。利用相机拍摄了土星上的极光。地球和木星都有磁场，它们的磁轴的方向和自转轴并不重合，有一个不大的夹角。土星不同，它的自转轴和磁轴几乎是完全重合的。另一个重要的发现是，土星的卫星恩克拉多斯释放大量的冰和其他的微粒，注入土星的E环。这些环都处于土星磁层内部，也是土星磁层中粒子的重要来源。

科学家们通过卡西尼号上搭载的仪器来观测土星发射的无线电波。和木星发射的强电磁辐射不同，土星上发射出的电波太弱，在地球上根本无法观测。科学家利用接收到的电波来测量土星自转。因为土星没有一个固体表面，上面的气体有着各种复杂的运动，因此科学家认为，土星磁层的自转就是土星的自转。测量的结果居然显示土星比25年前旅行者号观测的自转要慢，而且在卡西尼号测量的13年中也在改变。通常一个大行星的自转周期是固定的，不会随时间而改变，那为什么土星的自转周期会变慢呢？有些科学家认为，是因为大量粒子不停进入磁层，使得土星自转变慢。到目前为止，科学家们也还没有找到满意的答案。正如美国国家航空和宇航局负责土星项目的科学家博顿教授所说，"卡西尼号的测量完全改变了我们对土星磁层的认识，不过也还存在很多没有答案的问题"。

土星的磁场和磁轴

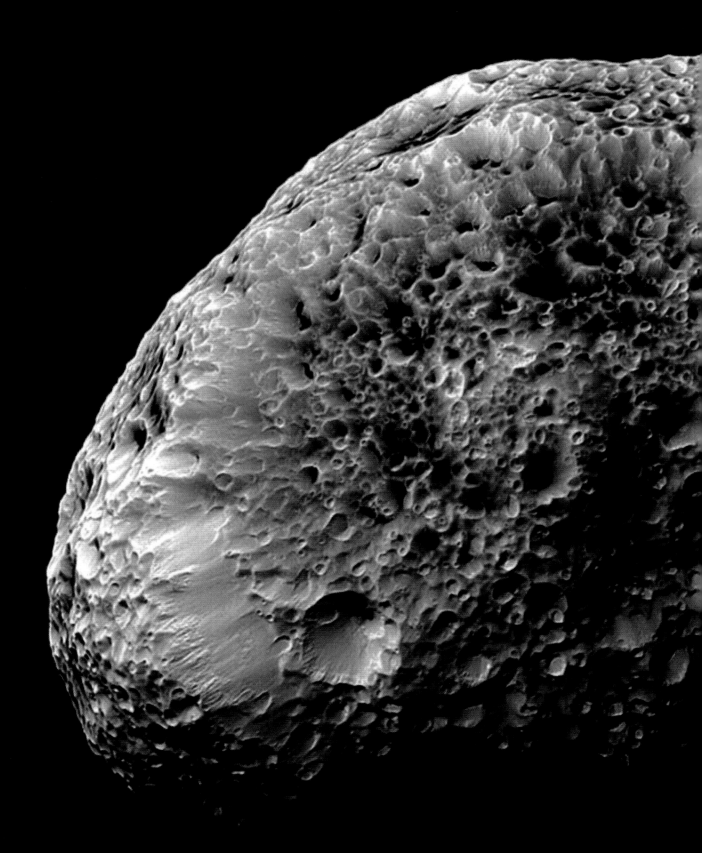

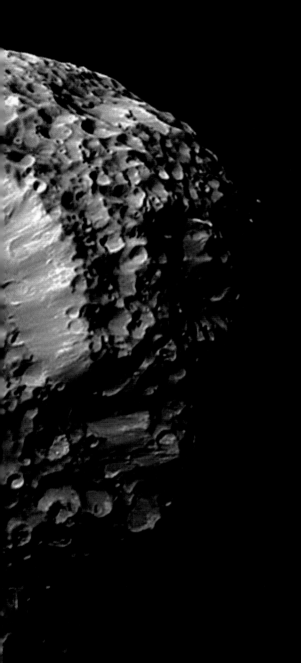

　　卡西尼号有一些关于土星卫星的发现非常激动人心。它发现了三颗新的卫星。有一颗卫星上还发现了液态水的存在，另一颗卫星上发现山体滑坡，还有一颗上发现了一个巨大的"甲烷湖"。甲烷是地球上存在的最简单的有机物分子，发现甲烷说明那个卫星上也可能有生命存在。

　　惠更斯号探测器成功着陆在土星的卫星泰坦表面。在此之前，人类已经了解到泰坦非常有科学价值。它有气体甲烷，还有氮气。甲烷是最简单的有机分子，地球上天然气中的主要成分就是甲烷。氮气也是地球大气的重要成分。因此泰坦和地球非常相似，可能也有生命存在。惠更斯号就是帮科学家去一探究竟。

　　惠更斯号在泰坦大气中飞行了两个半小时，终于成功在泰坦表面着陆。这是人类至今为止在离地球最远的地方成功着陆。到目前为止，惠更斯号还保持着这个纪录。

土星最大的卫星——泰坦

惠更斯号着陆器在泰坦上着陆

在泰坦上，惠更斯号开始拍照，它也测量泰坦的大气成分和风速。从着陆开始，惠更斯号在 72 分钟内和卡西尼号保持联系，持续发回观测数据。这 72 分钟的宝贵数据非常有价值，直到现在还有科学家在分析。通过分析这些数据，科学家们已经取得了大量的科学发现。其中最有影响的一项是发现了泰坦的地下海洋。惠更斯号搭载的一台低频波探测仪的本来用途是观测泰坦上可能存在的闪电引发的大范围的电磁扰动。地球上的闪电在高空大气中引起的扰动，观测这些波动可以测量地面的电导率，从而了解地下的结构。泰坦上居然没有闪电，不过却观测到另外一种低频波。认真分析这些波动数据，科学家们计算了泰坦的大气的电导率和地面的电导率，发现地面以下存在着一个巨大的导体。经过确认，科学家们认为很有可能在泰坦的冰覆盖的表面以下，存在着一个巨大的地下海洋，地下海洋中的水能导电，因此是盐水。

惠更斯号工作的寿命非常短，不过卡西尼号飞船工作的时间非常长。像很多其他空间探测的飞行任务一样，卡西尼号实际运行的寿命比它的设计寿命长得多。2008年，它的设计工作寿命到期，不过它的运行状况非常好。

泰坦厚厚的冰层表面的地下海洋，蕴含大量的水

一直到 2017 年，它还在正常运转。不过飞船上的燃料即将耗尽。一旦燃料耗尽，地球上的科学家将无法控制它的轨道。为了避免卡西尼号撞向土星的卫星，尤其是可能存在生命迹象的卫星，比如泰坦，让它撞毁在土星上是唯一选择。在它最后烧毁之前，会靠近土星的表面大气比较稠密的区域，探索那里的之前从未探索过的区域。最后的任务，科学家给了一个响亮的名字——"最后的华章"。2017 年 9 月 15 日，卡西尼号飞船按照指令，冲向土星表面，在土星大气中燃烧坠毁，飞船本身永远地留在了土星上，成为土星的一部分，真正地实现"尘归尘，土归土"。

卡西尼号最后时刻冲向土星，烧毁在土星的大气中，成为土星的一部分。真正地实现"尘归尘，土归土"

CHAPTER 5

第五章

更深的深空

在前面两章中介绍过旅行者号探测木星和土星。虽然这艘飞船开始设计的目标已经完成，但是旅行者号还在继续它的星际旅程，先后飞过天王星、海王星，还给太阳系拍了一张全家福。现在它已经跨越了太阳系的行星际空间，进入了人类从来没有探索过的区域。它是真正的星际旅行者！

天王星和海王星

美国国家航空和宇航局一直在考虑发射飞船探测太阳系最外面的两颗行星——天王星和海王星。由于这两颗星的距离很远，科学家们的方案总是太贵也太难了。幸运的是，旅行者号飞船正好可以完成这个工作。在飞越木星和土星之后，它上面所有搭载的仪器都能正常工作。事实上，科学家在设计旅行者号的时候，特意将其轨道放在飞向天王星和海王星的方向上，在研制仪器的过程中，也考虑了延长仪器的使用寿命。但是没有任何的官方文件显示，天王星和海王星探测是旅行者号飞船的既定目标。这是为什么？究其原因，如果项目的设计初期就将天王星和海王星探测列入正式的目标，飞船上的很多部件都需要额外的备份以保证足够长的工作时间，由此会使得飞船的重量和造价都大大

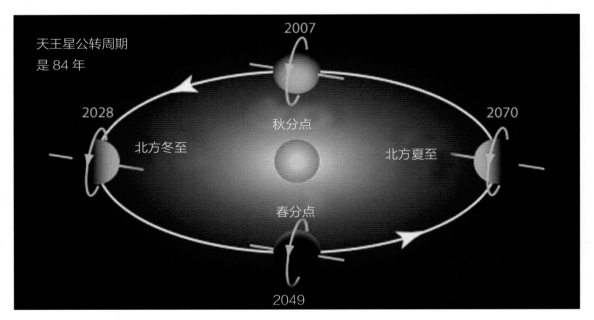

天王星的自转和公转

超出预算。笔者曾经问过一位参加过旅行者号项目的麻省理工学院的教授："你们当时就计划让旅行者号工作那么长时间吗？"他的回答是："看你和谁讨论这个问题。科学家们原本就计划让旅行者号工作很久，不过没有明确告诉飞船的设计师们。科学家们确实有计划利用旅行者号飞船探测天王星和海王星，但是特意没有将这个目标列入正式的计划文件中。"

旅行者号完成木星和土星的探测任务后还能正常工作，可以继续向前，探测天王星和海王星。在那之前，没有飞船靠近过天王星或者海王星，科学家们都不知道会有什么发现。

和之前对木星和土星的探测一样，旅行者 2 号在探测天王星上取得了一些重大发现。在探测之前，人类已经发现天王星和其他行星不同。其他行星，比如地球、火星、木星等，它们的自转轴都是垂直于黄道面的，只有天王星的自转轴平行于黄道面。用一个形象的说法来解释：其他行星都是站着转的，只有天王星是躺着转的。这一现象引起了科学家们浓厚的兴趣。是什么导致天王星有如此独一无二的自转方式？产生这一现象的原因一直是一个谜。有科学家提出的解释是在亿万年前，有个和地球差不多大小的行星撞击的结果。

旅行者号发现天王星的磁轴居然是歪的。地球磁场的南北极和地理的南北极靠得很近，天王星的磁轴和自转轴有约 60 度的交角。科学家的解释为可能是行星撞击的结果。

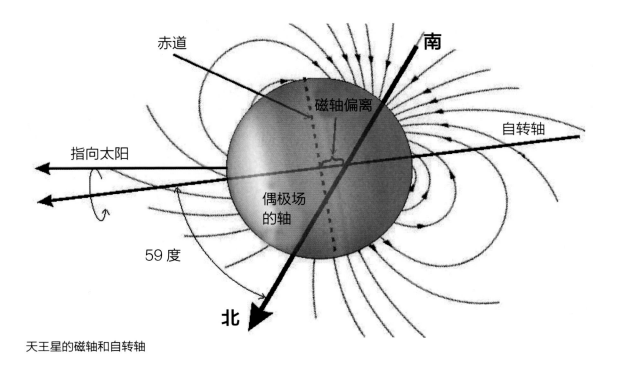

天王星的磁轴和自转轴

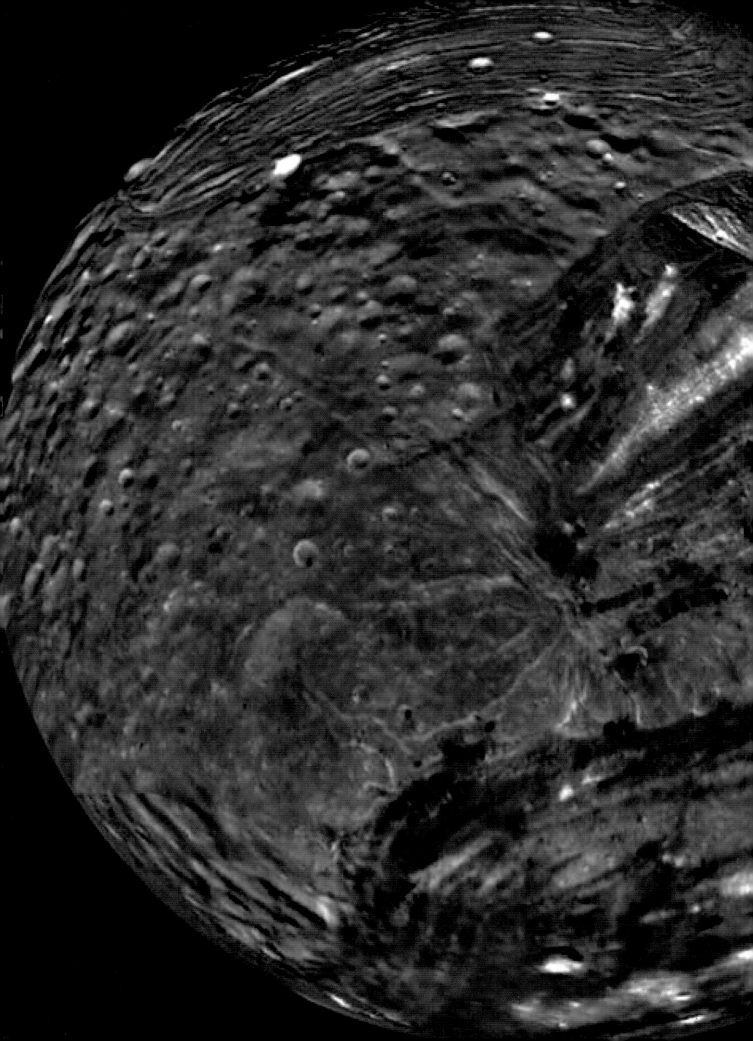

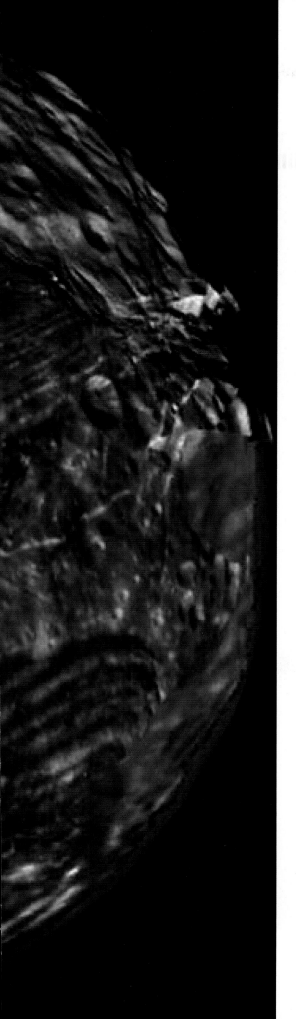

旅行者 2 号还发现了 10 个新的天王星卫星，近距离地拍到了天卫五（米兰达）的照片，它的表面布满了断裂的山谷，悬崖峭壁，还有一些融化的表面物质形成的冻结河流。很难想象在离太阳那么远的寒冷地方会存在这样的奇景。有科学家认为，米兰达的形状就是当年那次撞击留下的结果，巨大的撞击把米兰达从一个完整的星球分成很多小的碎片，然后又由于万有引力的作用，在亿万年中聚合在一起，才形成了今天这个黑黑的星球。

另外，旅行者号发现天王星表面的温度为零下 212 摄氏度，还观测到了天王星的环。天王星的环远不如土星的环亮，是一个比较暗淡的环。

下一步是飞向海王星。当时人类对海王星了解得非常少。旅行者 2 号丰富了人类对海王星的了解。海王星离太阳非常远。它的公转周期是 165 年。旅行者 2 号发现了海王星的 6 颗卫星，测量了海王星的自转周期，发现它的自转周期非常短，只有 16 个小时。这样算下来，在海王星上要看过 9 万多次日出日落才迎来新的一年，真是漫长岁月。

天王星的第五颗卫星——米兰达。这个黑黑的像煤球一样的星球据说是撞击形成的

海王星

　　旅行者 2 号还发现在海王星表面有巨大的风暴。其中的风速最高可达 2000 千米每小时，和超声速战斗机的速度差不多，而地球上最大的风也不过每小时 400 千米。这些风暴出现的地点看起来有点像木星表面的大红斑。

暗淡蓝点

旅行者号飞过冥王星后，有科学家提出，我们可以利用旅行者号给太阳系拍一张全家福，拍摄所有的行星。事实上，这个拍全家福的工作是非常凶险的。在离开地球数十亿千米的地方拍摄地球，地球离太阳并不远。如果控制不好，摄像机正对准太阳的话，强烈的太阳光就会损伤摄像机中的感光部件。科学家经过努力，终于想出了方法，成功地避开了太阳的直接照射，拍到了太阳系的六大行星。除了最内层的水星太小又离太阳太近，火星太暗以外，其他六颗大行星——金星、地球、土星、木星、天王星和海王星都被成功地拍在照片中。在照片中，地球是一个很不起眼的暗淡蓝点。从遥远的宇宙深处看来，地球本身并没有什么特别的地方。不过，我们都知道，这个暗蓝色的小点是我们的家园，是我们生活的地方。你爱过的每一个人，每一个爱过你的人，都在上面生活过。每一对期待孩子成长的父母、每一个对未来有无限憧憬的孩子、每一对恋人、每一个老师、每一个学生、每一个大学者、每一个刚刚开始职业生涯的年轻人、每一个网络小说家、每一个段子手，都生活在这里。

终止激波和太阳风球顶

激波是自然界中的一种常见现象。船在水中行驶，船头周围环绕着的就是我们通常说的弓激波。因为船在水里激发扰动，由于船运动的速度比扰动快，这些扰动来不及传播出去，堆积在一起形成了所谓的激波。超声速飞机、火箭等运动速度快的物体，在前面的空气中，都会形成一个弓形的激波。

终止激波是激波的一种。通常是在向外流动的液体或者气体变得稀薄的情况下，扰动传播的速度变慢，低于液体或者气体运动的速度而形成的。从水龙头流下来的水，在水槽里向外流动，在边缘形成的界面就是一个终止激波。之前我们介绍过，从太阳上出发的被称为太阳风的高速等离子体流。太阳风离开太阳，传播到100亿千米以外，变得非常稀薄，形成了终止激波。终止激波以内是平静传输的太阳风，终止激波以外是科学家称为被激波过的太阳风。

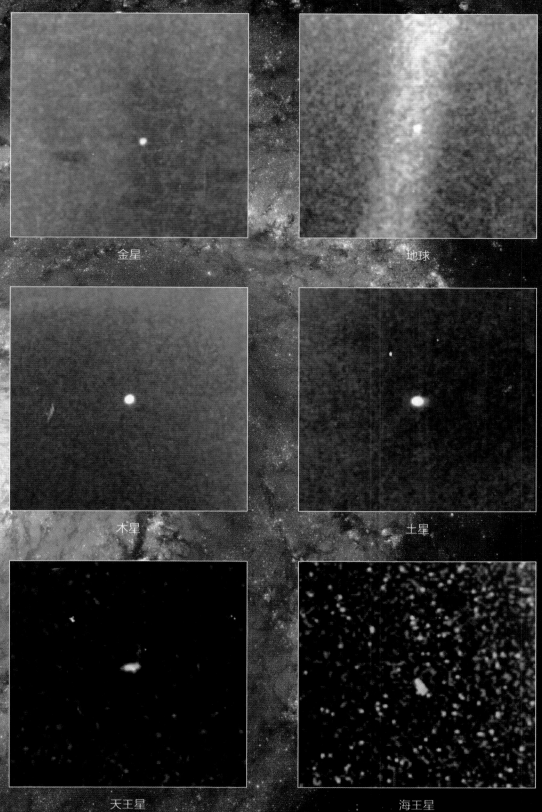

旅行者号从太阳系边缘拍摄的地球、金星等行星

金星

地球

木星

土星

天王星

海王星

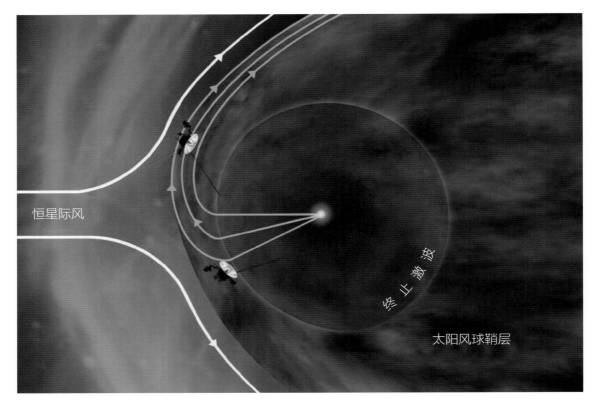

恒星际风、终止激波和太阳风球鞘层

　　科学家一直好奇终止激波外面的宇宙是什么样子的，以前科学家都是利用搭载在卫星上的仪器接收从终止激波来的高能粒子推断终止激波的形态还有激波外面的磁场的方向。现在终于可以用仪器去现场测量。这是一个多么激动人心的时刻啊。科学家们都满怀期待等待着这一天的到来。终于，科学家根据探测数据做出了精确判断，2004 年 12月 5 日，旅行者 1 号穿越了终止激波。可惜旅行者 1 号上搭载的等离子体测量仪器停止工作了。到了 2005 年，旅行者 2 号成功穿越了终止激波，科学家们获得了宝贵的等离子体数据资料，了解到了深空中的宇宙奥秘。那里的等离子非常稀薄，却存在着相当数量的中性成分。正是由于这些中性成分的存在，影响了物理过程，使得激波下游的等离子体仍然以超声速流动。

　　太阳风球顶是太阳风和外太空中的恒星际风交汇的地方。太阳风球以内是太阳风充满的区域，通常我们叫行星际空间。太阳风球以外则是来自宇宙更远处的粒子形成的恒星际风。旅行者 1 号已经穿越了太阳风球顶。在球顶外的恒星际风有怎样的特点？其中的磁场又会有怎样的特点？星际风中的高能粒子比太阳风中高出好几倍。同样，遗憾的是，旅行者 1 号上的等离子体测量装置已经不能工作了。科学家们都在期待旅行者 2 号穿越太阳风球顶，能测量星际风中的等离子的密度、速度和温度，研究来自太阳系以外的物质的奥秘。

文明信使

除了搭载科学仪器探测行星和宇宙空间，先驱者 10 号、11 号，旅行者 1 号、2 号都搭载着一封特殊的"信函"，信函的内容代表着人类的文明，期待被外星的智慧生物发现，并由此来了解地球的文明。

先驱者 10 号和 11 号都带有一个镀金的铝板。铝板上印有男人和女人的相片，如果有外星人发现了这个铝板，他们就能知道人类长什么样子。铝板上面画着一些表示地球和太阳的距离的符号和一张太阳系的图。希望有一天，外星人能够发现它并且理解它的含义。

先驱者 10 号和 11 号搭载的铝板。上面有太阳系的示意图，还有男人和女人的照片。如果运气好，被外星人捡到的话，他们就能知道我们地球人的样子

到目前为止，两艘先驱者号飞船都已经到了比海王星离太阳更遥远的距离。它们是人类首批发射飞出太阳系的飞船。除非撞到哪个星球或者岩石上，否则它们会一直向前飞行。200万年后，先驱者10号会抵达"毕宿五"，金牛星座中一颗离地球非常遥远的恒星。

旅行者1号已经和旅行者2号飞出了太阳系行星际空间，进入了恒星际空间。科学家们正在紧张地分析它们发回来的数据，为我们揭开宇宙深处的奥秘。到2025年，飞船上电池提供的能量就仅仅能满足支持卫星工作，而不能支持任何的测量仪器的正常工作。到时候所有的仪器都会关闭。飞船上的核电可以维持到2035年，然后卫星关机，变成茫茫星海中的一粒尘埃，搭载着包含人类信息的唱片飞向宇宙深处。这张唱片录有这样一些信息：12分钟的语音集成，包括亲吻、婴儿啼哭等；116张照片，内容包括人类的科学、文明和我们自身；还有90分钟地球上最流行的音乐，包括多个民族的音乐，比如日本大戏的片段，秘鲁的婚礼歌，巴赫、贝多芬、莫扎特等著名音乐家的经典曲目，还有一首来自中国的古琴曲——《流水》。这首中国乐曲非常空灵，仿佛描绘一个孤独的旅行者，在茫茫星海中航行，期待有智慧生物能发现它，解开它身上的秘密。正所谓"高山流水觅知音"。

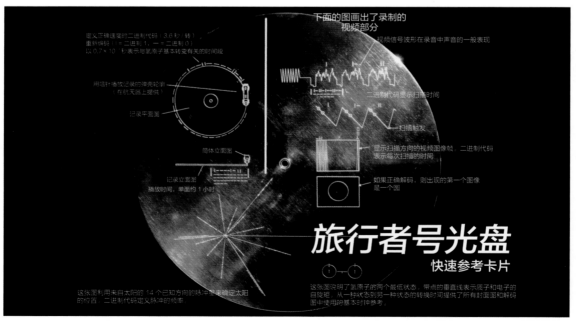

旅行者号飞船携带的唱片

CHAPTER 6

第六章

————————

其他探索

火星探测

除了探测木星和土星，20 世纪 60—70 年代，美国和苏联的科学家们都发射过一系列的环绕火星的飞行器，通常称为火星环绕器。这些环绕器给火星表面拍照，还做其他的测量。

1975 年，美国飞行器成功登陆火星，它们是海盗 1 号和海盗 2 号上搭载的火星登陆舱。海盗系列探测器是最早的大型火星探测器。它们发现火星上可能存在水。

随后美国国家航空和宇航局发射了探路者号登陆火星。探路者号上面搭载了旅居者号火星车（也译作索杰纳号）。火星车能在火星表面自由移动，并且收集岩石和土壤进行化验。

探路者号成功地飞到了火星，进入了火星的大气层。在着陆前，反推火箭和降落伞使它减速，这样才不至于撞毁在火星表面。接着，在气囊的保护下，它在火星上弹跳多次后终于停在了火星表面。接下来，探路者号打开保护罩，把旅居者号火星车放出来。火星车上有 6 个轮子，背上安装有 1 个太阳能电池板。它的体型不大，功能却很强。

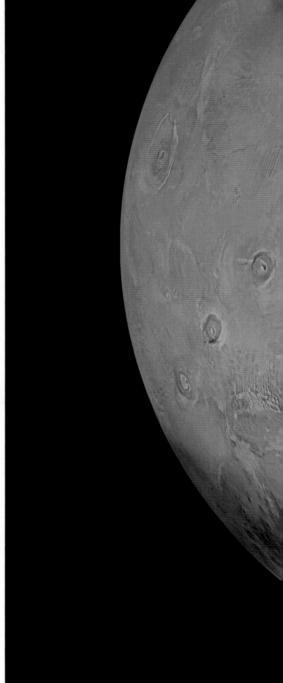

火星，极区的白色物质是干冰

太阳系和柯伊伯带

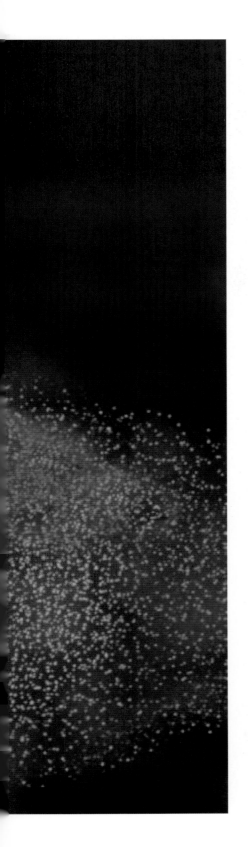

　　火星车和探路者号配合，一起照了很多照片，还做了一些科学实验。它们发回了非常有价值的信息。最关键的是，它们证明了科学家们可以成功进行类似的复杂探测计划。

　　探路者号是当时世界上最复杂的深空探测器。当然后来才有更加复杂的深空探测器。也许有一天我们会发射着陆器和行星车登陆更远的行星，甚至小行星，期盼着这一天早日到来。关于火星和小行星的探测不是本书关注的重点。

新视野号

　　即使有了新技术，飞船还是需要很长的时间才能飞到深空。新视野号也一样。因此，选择探测目标就成了一个头疼的问题。我们应该去哪里探测？哪里才是下一个的最有价值的探测目标？

旅居者号火星车

　　从很多角度来看，冥王星是一个非常有价值的探测目标。太阳系中的行星可以分为三个群体。最靠近太阳的一群是以地球为代表，个头和地球差不多，而且有固体表面的"类地行星"。水星、金星、地球和火星都是类地行星。另一群离太阳相对较远，以木星为代表，体积庞大，而且主要由气体构成，通常称为类木行星，也有科学家称这类行星为"巨大的气态行星"。木星、土星、天王星和海王星都属于这一类。其中，木星的体积相当于1000个地球，而最小的海王星的体积也相当于60多个地球。

　　在太阳系更远一点的区域的柯伊伯带，大量分布着另一类行星——"冰矮行星"。这类行星数量众多，但是由于远离地球，科学家们很难有机会对它们进行近距离的观测。事实上，这类行星可能是大行星的胚胎，研究这类行星有可能帮助我们更好地了解太阳系中大行星的形成和演化过程。同时，柯伊伯带还是彗星的重要来源，说不定哪一天就从这里冒出彗星或者小行星撞向地球。

新视野号飞船探索太空

冥王星上的心形冰川。
冰川的主要成分是固态的氮

2006 年，美国国家航空和宇航局发射了新视野号。到达目的地之前，新视野号必须飞越 50 亿千米。在漫长的飞行过程中，飞船上的部分仪器会老化失效。为了确保任务的成功，新视野号上很多仪器和设备都有备份。如果有仪器损坏了，备份就开始工作。到 2014 年，新视野号探测器已经飞过了火星、木星、土星和天王星。2015 年新视野号探测器到达冥王星。

冥王星

对冥王星的探测取得了很多重要的科学发现。其中一张冥王星的照片让人惊叹。照片上显示，冥王星上居然有很大一片地貌像心的形状，仿佛在对来自地球上的飞船表示问候。事实上，这个心形是冥王星上的一片冰川，构成冰川的主要成分是固态的氮。科学家给这片冰川所在地命名为斯普特尼克高原。前文中已经介绍过，斯普特尼克是苏联发射的第一颗人造地球卫星。斯普特尼克高原是到目前为止太阳系中最广阔的高原，宽度超过 1000 千米。

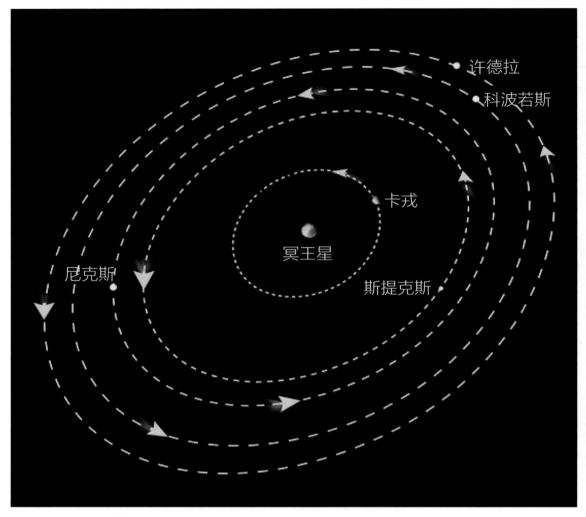

冥王星和它的 5 颗卫星，其中卡戎和它差别不大，被认为是一个双星系统

　　新视野号近距离地观测了冥王星的卫星。科学家们没想到的是，新视野号没有发现新的冥王星卫星。不过却发现了冥王星和它的卫星都比科学家们预计得复杂。冥王星有5 颗卫星，根据卫星表面的陨石坑计算出的年龄，所有的卫星都是同时形成的，说明它们很有可能是在冥王星和另外的柯伊伯带的行星的一次碰撞中形成的。冥王星最大的卫星卡戎的半径超过了冥王星半径的一半，通常被认为是一对双星。其他的大行星和卫星

冥王星　　　　　　　　　　卡戎

冥王星和卡戎的大小比较

个头上差别比较大，就好像父亲带着一堆孩子。冥王星和卡戎更像一对夫妻，带着其他4个"孩子"。

科学家们发现，卡戎有一个暗红色的极盖区。这是天体中首次发现这样的极盖区。可能是因为从冥王星逃逸出去的粒子在卡戎上沉积的结果。到目前为止，科学家们仍然在分析从冥王星的探测中获得的数据，期待会有更加激动人心的发现。

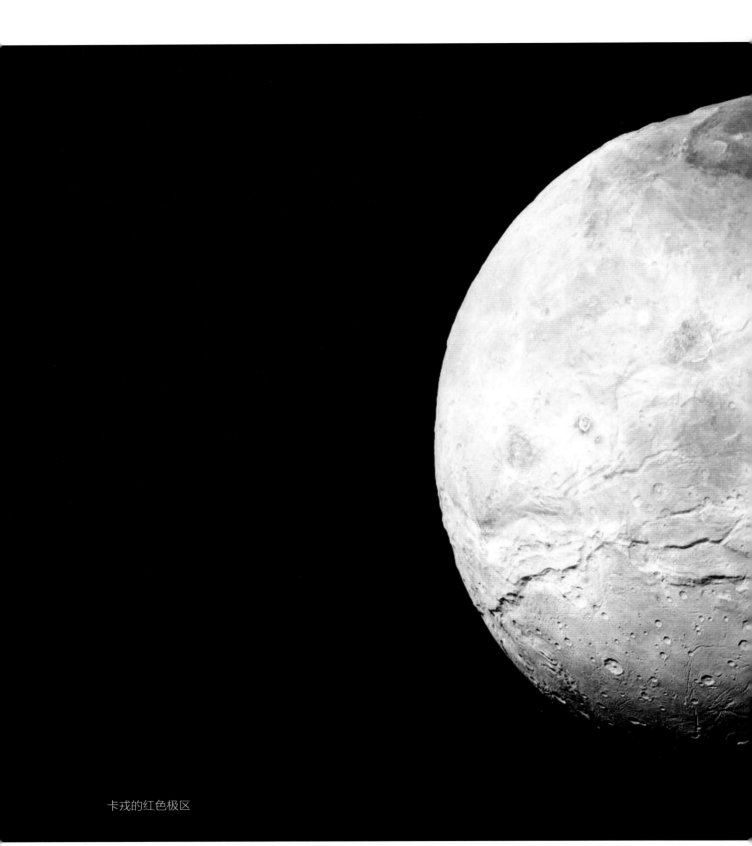

卡戎的红色极区

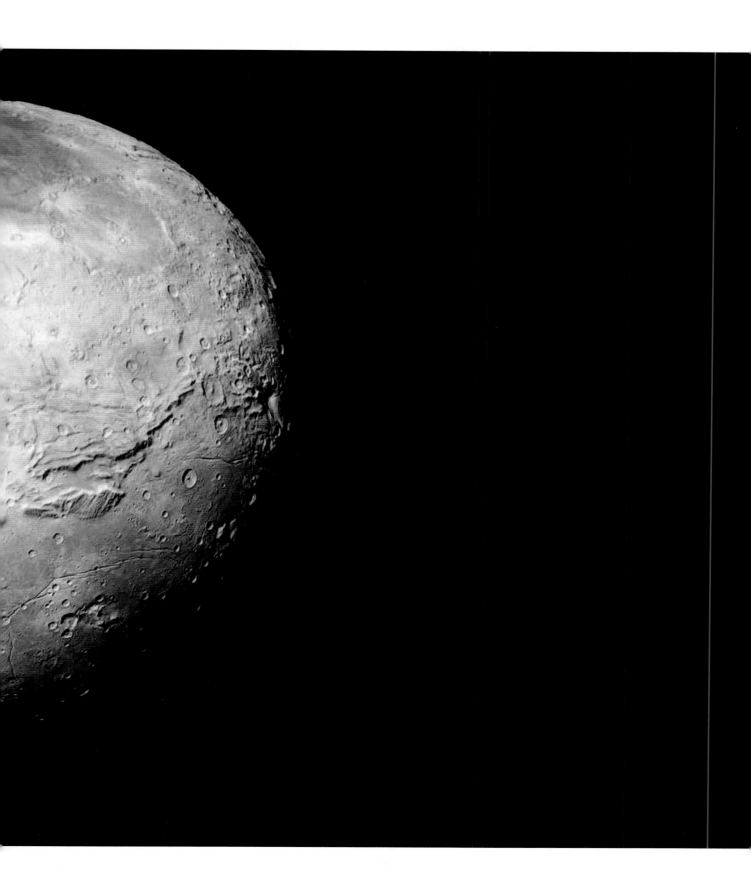

天涯海角

在和冥王星分手后，新视野号继续向前飞行，它前往柯伊伯带更深处，去探测其他未知的小行星或者矮行星。前面都有一些什么样的行星等待着新视野号？如果新视野号是一位旅行者，那么会不会也感叹"西出阳关无故人"？毕竟这个地区的天体，人类从来没有抵近观察过。

科学家很快给新视野号确定了下一个目标，一颗代号为 2014 MU69 的小行星，因为离地球非常遥远，科学家给这颗小行星起了一个诗意的名字——"天涯海角"（Ultima Thule）。相比海南岛的天涯海角到北京的几千千米的距离，小行星"天涯海角"距离地球约65亿千米。新视野号将会在更靠近的距离观测这颗小行星，只有之前观测冥王星的距离的三分之一。操控一艘数十亿千米外的飞船去近距离观测一颗小行星，其难度可想而知。正如新视野号项目经理所说，"新视野号抵达'天涯海角'，将会是另一个历史性的成就"。

　　科学家计划利用新视野号上面的相机给它拍照。不过科学家对这次拍照并没有十足的把握。柯伊伯带远离太阳，光线非常昏暗。这颗小行星非常小，直径只有 30 千米左右，从几千千米外给这么小的目标拍照难度很大，另外飞船本身也以每秒 10 多千米的速度在运行，加上这个拍照的相机为了保证很好的分辨率，选择了很小的视场。视场是相机拍照的范围，和照片分辨率（成像质量）是一对矛盾。在日常生活中我们用手机照相，可以选择很宽的视场，细节会模糊很多，也可以选择放大局部，提高分辨率，视场就会相应减小。虽然这么困难，科学家还是成功地拍到了"天涯海角"的照片，而照片的结果也大大出乎很多科学家的意料。

　　2019 年 1 月 1 日，新视野号从小行星"天涯海角"附近飞过，最近的距离只有 8862 千米，成功地拍下了这个小行星的照片。照片发布的结果却一波三折。在新视野号抵达

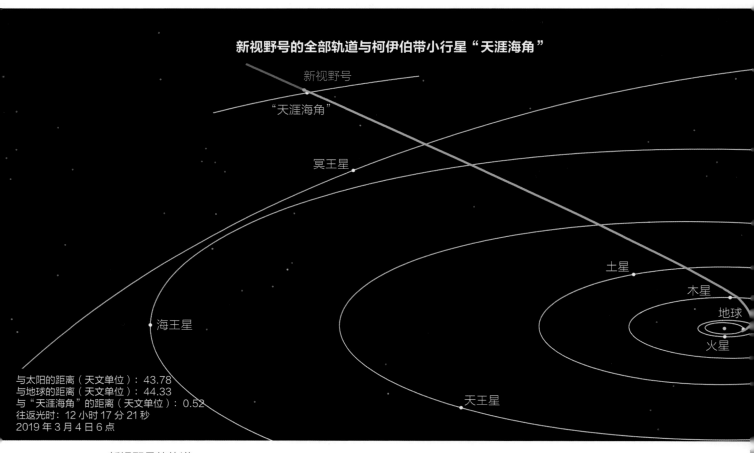

新视野号的轨道

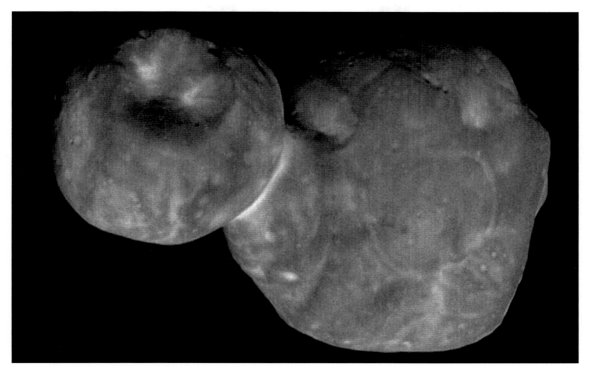

科学家早期分析得到的小天体"天涯海角"的外形

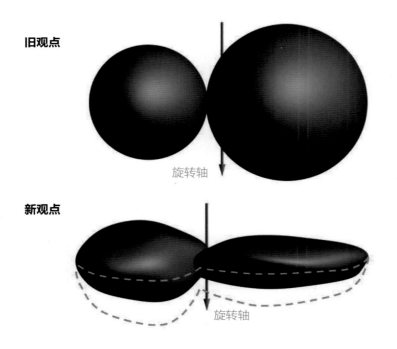

早期分析得到的"天涯海角"的外形和最终确定的外形对比

"天涯海角"之前,哈勃空间望远镜的观测显示这个小行星由两团组成。最初公布的照片也证实了这一点,一大一小的两个球体连接在一起。 看起来像个雪人,也有人说像一颗花生。在小天体中,"花生或者雪人"的形状已经是很奇特的了,不过后面的发现让科学家更惊讶。

时间不长,科学家进一步分析了原始的照片数据,发现原本以为接近球体的两块都非常扁,整个小行星看起来就像两个煎饼连在一起。参加这个任务的科学家都非常奇怪,从来没有在宇宙中看到过这种奇形怪状的天体。科学家们反复分析了照片的数据,还是确认了这个扁扁的形状。

现在问题又来了,这种"二饼"形状的天体是怎么形成的?科学家们也没有答案。不过科学探索本身就是这样,当我们解决了一个问题之后,新的问题又会出现,引导我们不断地去探索和发现。

CHAPTER 7

第七章

——————

深空探测的未来

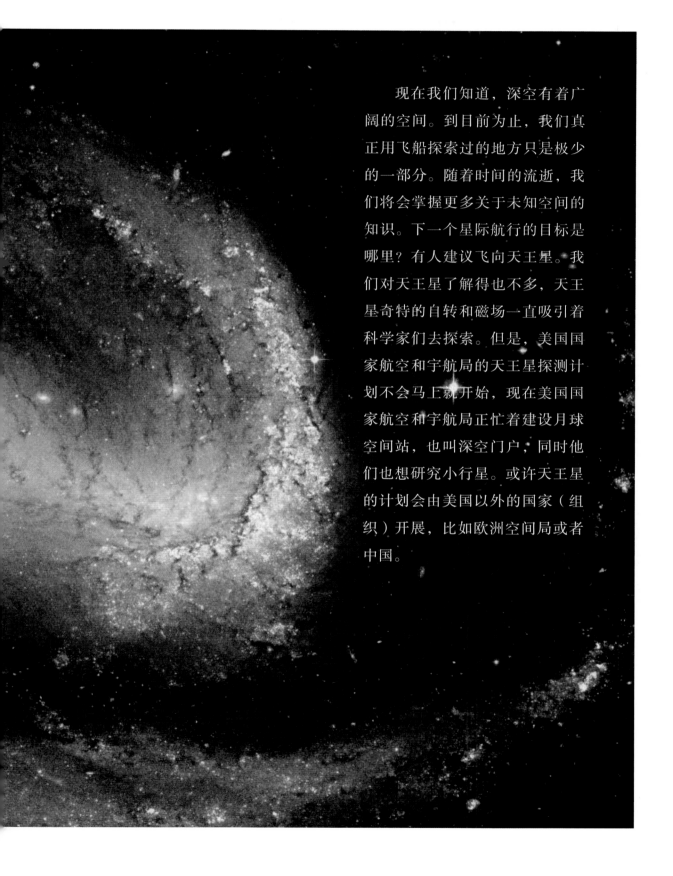

现在我们知道，深空有着广阔的空间。到目前为止，我们真正用飞船探索过的地方只是极少的一部分。随着时间的流逝，我们将会掌握更多关于未知空间的知识。下一个星际航行的目标是哪里？有人建议飞向天王星。我们对天王星了解得也不多，天王星奇特的自转和磁场一直吸引着科学家们去探索。但是，美国国家航空和宇航局的天王星探测计划不会马上就开始，现在美国国家航空和宇航局正忙着建设月球空间站，也叫深空门户，同时他们也想研究小行星。或许天王星的计划会由美国以外的国家（组织）开展，比如欧洲空间局或者中国。

中国的深空计划

　　我们国家已经开展了大量的月球探测，成功发射了嫦娥1号、2号、3号卫星，实现了计划中的绕落回中的前两步，即绕和落。第三步采样返回正在紧张实施中。最近我国的科研工作者利用嫦娥4号，首次成功实现了在月球背面着陆。

　　月球背面着陆是一项前无古人的壮举。由于月球的自转周期和它绕地球公转的周期完全一致，因此，它总是一面对着地球。这种现象在天文学上被称为"潮汐锁定"。月球面向地球的那一面，我们习惯上称为正面，已经被反复研究过多次。最早的美国载人登月计划，着陆点也是在月球的正面。从航天工程的角度说，背面着陆的难度大得多。其中一个难点是通信。为了实现月球背面和地面之间的通信，我国的科学家专门发射了一颗通信中继卫星"鹊桥"到太阳引力和离心力的平衡点，也叫第二拉格朗日点的位置。这个点在地球外面，距离地球150千米的地方。之前中

地球

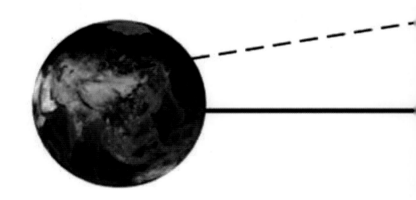

国发射的嫦娥 2 号在完成月球探测任务之后，曾经探测过这个点。鹊桥卫星也吸引了美国国家航空和宇航局的注意，准备开始在深空探测方面开展合作，而在这之前，美国政府是反对和中国开展在航天方面的合作的。原因当然是多方面的，我们缺少原创的计划也是其中的一个重要原因。嫦娥 4 号的成功改变了这个局面。正因为此，参加这个项目的科学家代表们在人民大会堂受到了习近平总书记的亲切接见。

　　关于载人登月的方案也在论证，也许在不久的将来，我们有希望看到第一个中国宇航员成功登上月球。这些探索都为将来中国的深空探测奠定了良好的基础。2017 年，中国地球物理学会宣布成立行星物理专业委员会，用 10 年时间完成了从无到有的跨越。该学会包括国内外大学和研究机构的 100 多位科学家，行星科学研究的主要对象就是深空中的各种天体，这一举措也会推动中国深空探测的发展。

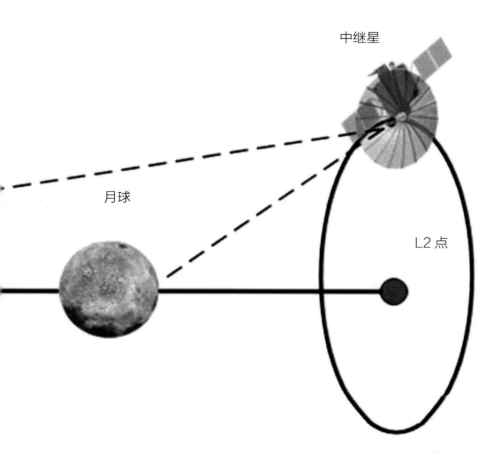

地球、月球和 L2 点的中继星示意图

中国还通过借船出海的方式进行过火星探测。由中国科学院国家空间科学中心研制的萤火1号搭载在俄罗斯火星探测飞船前往火星。非常遗憾的是，俄罗斯火星探测飞船在奔向火星的环节失败，萤火1号飞船也随之坠入大气层，没能成功去火星。不过这也是一种有意义的尝试，就像美国早期探月的连续失败，中国在火星探索的起步阶段并不顺利，希望下一步的火星探测能顺利实施。

中国的自主火星探测正在实施过程中，我们正在研制前往火星的飞船。这个飞船包括一个着陆器和一个环绕器。通过着陆器探测火星的地面，环绕器负责联络着陆器和地球，同时也探测火星附近的空间环境，研究火星的大气逃逸过程。飞船将于2020年发射，计划在2021年抵达火星，开展科学研究。2021年正好是中国共产党成立100周年。火星任务的成功也将会成为我国的标志性成果之一。

中国的科学家们也在制订我国的自主木星探测计划，一些科学家在考虑太阳系边界的探测方案。计划在2049年，中华人民共和国成立100周年之际，我们的飞船能抵达离太阳100个天文单位的太阳系边界，探索这些人类飞船极少抵达的区域。让我们一起期待这些任务的成功实施，把我国的空间科学事业推向新的高峰。

本书配有大量精美图片，主要选自美国国家航空航天局（NASA），喷气推进实验室（JPL）、欧洲空间局（ESA）等网站。作为科普读物，为了展示更多的天文景象，部分来自网络的图片没有注明出处，在此对这些网站表示衷心的感谢。